手把手构建
人工智能产品

产品经理的AI实操手册

高飞 著

电子工业出版社·
Publishing House of Electronics Industry
北京·BEIJING

内 容 简 介

随着人工智能技术在越来越多的行业中应用，诸多问题也随之而来，最主要的问题在于人工智能技术与行业的结合深度不足。在大多数情况下，人工智能技术只能解决表层的行业问题，对于深层的业务问题赋能不足。当前急需探索人工智能技术与行业结合的方法与模式。本书结合了笔者构建人工智能产品的实际经验，从人工智能产品流程、行业能力模型、人工智能技术等方面详细地叙述了人工智能产品的构建过程，特别突出了人工智能技术应用于行业的分析方法。本书也阐述了人工智能产品经理的工作流程、思维方式及成长路径。

本书可作为现阶段想了解人工智能产品构建过程的人，或想成为人工智能产品经理的人的学习素材，也可作为各行各业人士了解人工智能产品构建过程的参考书。

未经许可，不得以任何方式复制或抄袭本书之部分或全部内容。
版权所有，侵权必究。

图书在版编目（CIP）数据

手把手构建人工智能产品：产品经理的 AI 实操手册 / 高飞著. —北京：电子工业出版社，2020.5
ISBN 978-7-121-38783-8

Ⅰ.①手… Ⅱ.①高… Ⅲ.①人工智能－研究 Ⅳ.①TP18

中国版本图书馆 CIP 数据核字（2020）第 043374 号

责任编辑：林瑞和　　　　　　特约编辑：田学清
印　　刷：北京盛通数码印刷有限公司
装　　订：北京盛通数码印刷有限公司
出版发行：电子工业出版社
　　　　　北京市海淀区万寿路 173 信箱　　　邮编：100036
开　　本：720×1000　　1/16　　印张：16　　字数：308 千字
版　　次：2020 年 5 月第 1 版
印　　次：2025 年 4 月第 8 次印刷
定　　价：59.00 元

凡所购买电子工业出版社图书有缺损问题，请向购买书店调换。若书店售缺，请与本社发行部联系，联系及邮购电话：（010）88254888，88258888。

质量投诉请发邮件至 zlts@phei.com.cn，盗版侵权举报请发邮件至 dbqq@phei.com.cn。

本书咨询联系方式：010-51260888-819，faq@phei.com.cn。

作 者 简 介

高飞（白白）

资深产品专家，拥有数学、计算机、药学等多个学位及交叉学科背景。在大数据与人工智能领域专注于行业与技术的结合，拥有超过 7 年的人工智能算法与产品经验，对产业互联网的相关业务与商业模式研究深入。

曾在中国科学院化学研究所及 Pharmaron 公司从事小分子药物研发工作，担任高级科学家（Senior Scientist）。2014 年开始从事人工智能算法研究及产品研发工作，主持研发了国内首个药物临床前智能数据平台，得到国家食品药品监督管理总局药品审评中心（CDE）的高度认可。多次主持研发了区域电子病历及健康档案大数据平台（服务于江西、山东等省）。曾应邀主持国际顶级杂志《科学》中国年会医疗与脑科学分会。曾应邀参与协和医院"协和百年"信息规划项目，提供临床科研智能平台设计方案。现主持研发人工智能辅助工业符号语言识别系统，为诸多传统行业加速赋能。

现为某世界 500 强大型科技企业产品总监，资深产品专家，国家慢病防控信息技术委员会理事，中国药学会高级会员，中国卫生信息学会常务理事，人人都是产品经理社区首批专栏作家。

【读者服务】

微信扫码回复：（38783）
- 获取博文视点学院 20 元付费内容抵扣券
- 获取免费增值资源
- 获取精选书单推荐
- 加入读者交流群，与更多读者互动

推 荐 语

苏杰　良仓孵化器创始合伙人、《人人都是产品经理》作者

关于人工智能产品的书已经很多了，但本书作者高飞有着数学、计算机、药学等多个学位及交叉学科背景，能更好地从行业应用的角度，通过产品来落地人工智能技术。本书重点突出了人工智能技术与行业的联系，推荐阅读。

江天帆　著名投资人

高飞先生是一位资深的产品专家，本书如庖丁解牛般从技术应用到商业模式落地，细致地剖析了人工智能技术的应用。本书的内容不但在人工智能技术与产品方面具有较强的专业性，而且在投资方面也有诸多值得借鉴之处，值得详读。

王玉峰　京东方移动健康 IoT 平台事业群 AI 医生与移动健康研究院副院长

当前的人工智能技术与产业之间有着巨大的鸿沟，只有跨过这条鸿沟，人工智能技术才能够真正落地。本书作者高飞具有多行业的交叉背景，对人工智能技术与行业的理解也相当深刻。本书搭建了人工智能技术与行业的桥梁，希望能给人工智能领域的工程师、产品经理一些启示。

老曹（曹成明）　人人都是产品经理社区、起点学院创始人兼 CEO

在未来的产品中，人工智能技术不可或缺，未来的产品经理需要找到人工智能技术赋能产品的有效途径。本书不但详细阐述了人工智能技术赋能产品的具体路径，而且指出了行业知识对产品经理的重要性。本书将人工智能技术与业务紧密相连，详细讲述了人工智能技术在各个业务场景下的应用。本书是人人都是产品经理社区首批专栏作家高飞结合自己多年产品经验完成的，值得一读。

丁红霞　药渡网 CEO

随着人工智能技术在药物研发这样一个传统领域中迅猛发展，社会上涌现出不少通过人工智能技术推动创新药物研发的新兴企业。人工智能技术与传统行业紧密结合本身就是一种产业的升级。本书从多个视角介绍了人工智能技术与传统行业的融合，深入浅出地介绍了人工智能技术的算法与应用，同时分析了产品经理应具备的能力，突出了产业互联网发展的精髓。本书中的"从产品价值的角度来讲，人工智能产品提高了信息产生的效率，互联网产品提高了信息传递的效率"这一观点给我留下深刻印象，推荐阅读。

Kevin　PMTalk 产品经理社区 CEO

这本书能够帮助你学习如何从需求上利用人工智能技术。高飞是 PMTalk 产品经理社区签约作者，他所写的这本书能为更多人讲解人工智能案例。

刘津　"破茧成蝶"系列图书作者

我在一次聚会上认识了作者高飞，对他的经历很感兴趣：从一开始的医药行业高级科学家，到算法工程师，再到互联网公司的资深产品专家。从探索人工智能开始，他不断尝试跨界和融合，产生了与众不同的思想，走出了一条没有人走过的路。一直以来，人工智能都让人感觉高深莫测，但现在乃至未来，它将会和各行各业结合起来，产生实际价值。希望这本具有新观点及经验沉淀的好书可以被更多人看到，让人工智能从漂浮不定到深入落地，为社会带来更多便利。

序

拥抱人工智能时代

在大数据时代，各行各业时时刻刻都在产生海量、多样的数据，我们被数据淹没。数据正在成为一种新的生产资料，从数据中洞察趋势、掌握规律对于挖掘新的知识、促进创新和驱动经济增长大有益处，大数据已经成为社会和经济发展的新动力。但是，人不可能看到所有数据，所以只能通过一些手段去分析数据，然后得出结论，用于指导工作。人工智能是最能够充分利用大数据的一种技术、一种思维、一种路径，其产生的作用不亚于大数据本身，而且人工智能所拥有的自我学习和认知能力会不断增强，其应用必然会向各个行业和领域渗透。

从生产力的角度来看，如同蒸汽时代的蒸汽机、电气时代的发电机、信息时代的计算机和互联网，人工智能正成为推动人类迈入智能时代的决定性力量。人工智能这门科学的应用目标随着时代的发展而变化，它一方面不断创新发展，另一方面越来越广泛地向更加复杂、超越一般人所能及的目标趋近。当前，人工智能理论和方法已被广泛应用于各个领域，比如本书中提到的教育、金融、医药、交通、安防等领域通过人工智能的创新实现了行业效率的提高。

从互联网价值角度来看，消费互联网行业正进入成熟阶段，而产业互联网行业方兴未艾。消费互联网以个人用户为中心，产业互联网以提高行业效率为核心。行业性正成为人工智能技术发展的重要方向，只有按照行业需求去设计人工智能产品，才能使之更好地发挥作用。人工智能产品注重从数据中获取信息，从数据中挖掘事物之间的关系，从需求到数据，从数据到规律，用规律满足需求，人工智能产品的构建是不断迭代、不断优化模型的过程。经过多年的发展，人工智能技术成功跨越了科学与应用之间的"技术鸿沟"，突破了从"不能用""不好用"到"可以用"的技术拐点，但是距离"很好用"还存在诸多瓶颈，如数据、能耗、泛化、可解释性、可靠性、安全性等。期待这些瓶颈在各方努力下可以得到很好的克服，未来人工智能技术一定会给越来越多的行业带来更大的创新动力和变革机遇。

很高兴看到高飞先生充分利用自己多年来在人工智能领域积累的经验，以满腔的热情撰写了《手把手构建人工智能产品》这本书。本书首先介绍了人工智能产品的定义、框架及行业与人工智能技术，特别强调了人工智能技术需要与行业场景紧密相连才能体现出巨大的价值。然后结合作者数十年的行业经验和实践经历，以产品为主线，通过逻辑梳理、需求转化、数据准备、模型建立、模型评估五个步骤详细地分析和解释人工智能产品的构建过程，并结合具体场景讲解产品中的人工智能算法，让读者可以结合自己的产品的情况进行应用和实践。最后从产业互联网角度讲述人工智能产品经理应该具备的技能。如本书中所述，无行业不智能，行业能力是人工智能产品经理真正的"铁饭碗"；产品经理只有深挖行业需求、选择恰当的行业数据，才能设计出成功的人工智能产品，才能构建符合行业场景的人工智能模型。与单纯介绍人工智能技术的书籍不同，本书结合了作者多年深耕医疗行业的经验，其内容更加贴合软件工程实践。本书为人工智能领域的从业人员提供了一种简单、平滑但步步深入的学习方法，旨在帮助立志在人工智能领域有所作用为的人快速入行，非常有现实指导意义。

高飞先生邀请我为本书作序，我非常荣幸。这是一本值得经常翻看的好书，充分体现了作者具有深厚的理论基础且非常注重实务。高飞先生工作繁忙，但仍然能投入很大精力、付出很多心血完成这本书，而且写得如此精彩和深入浅出，这使我感到惊讶和敬佩。我想他一定希望所有读者都能更好地拥抱人工智能时代，让人工智能技术得到更快、更广泛的发展和应用。

高传贵

浪潮集团　副总裁

山东国数爱健康医疗大数据有限公司　董事长

前　言

　　我是一位特殊的产品经理，其原因还要从我的经历说起。在做产品经理之前，我在传统的医药行业工作，是一位从事药物研发的科技工作者。在一次偶然的机会下，我应邀参加国际医药论坛，发现国外医药界的医药数据情报系统能准确而高效地获得信息。自此，我便投身于医药数据平台的研发工作。到 2020 年，我已经在产品岗位上工作了 7 年。

　　近几年随着科技的发展，人工智能热潮迭起，一时间全社会、全行业都在呼唤具备人工智能及相关技术的人才。随着时间的推移，人工智能产品依然大受追捧，但在另一方面却逐步趋于平静。现在人们逐步认识到脱离业务讨论人工智能技术没有意义，也几乎不存在通用性的人工智能产品。人工智能技术要发挥作用，就必须与行业深度结合。人工智能技术本质上并不是解决用户痛点的"大杀器"，而是一个能够快速解决用户痛点的"加速器"，人们越来越清晰地意识到人工智能技术的发展离不开业务。

　　2020 年伊始，新型冠状病毒肺炎疫情迅速传播，给各行各业带来了冲击，尤其是线下产业。在此期间，我本人也参与了 AI 辅助筛选对抗新型冠状病毒感染药物的一系列工作。在抗击疫情的一段时间里，人工智能技术发挥了其独有的安全、高效的特点。在医院感染科病房里，医用机器人被应用于病房消毒与病人护理等方面，减小了新型冠状病毒肺炎社区性传播的概率；通过人工智能技术可以高效地筛选应对新型冠状病毒的药物，并可以直接对这些分子结构进行分析。这正是人工智能技术在社会生活中的真实应用。

　　人工智能产品的开发需要两类人的参与。一是可以实现人工智能技术的工程师，如算法工程师，其根据所要解决的具体场景和问题，又可以细分为图像处理算法、推荐算法、自动驾驶算法、语音识别算法等方面的工程师。二是可以将人工智能技术和行业知识相结合，并能通过产品和项目的落地实现最终商业目标的人工智能产品经理。目前由于各个行业对人工智能技术的重视，算法工程师已经成为企业招聘的热点。随着时间的推移，人们逐渐认识到仅有人工智能技术并不能做出优秀的产品，要做出优秀的产品还需要能够将人工智能技术和行业知识相结合的人才。

本书的特点在于基于行业与业务来讨论人工智能技术，并介绍人工智能产品的构建方法。本书撰写的初衷在于表明如何将业务与人工智能技术相结合，本书中具体讨论了相关的方法与思维过程。

本书分为 5 章来讨论人工智能产品的相关问题。

第 1 章综合概括了当前人工智能产品的应用、体系、基础、方法、商业方面的内容。在应用方面，概括了人工智能产品在各个领域的应用情况。在体系方面，概括了人工智能产品的基本框架。在基础方面，突出了数据基础的重要性，并阐述了数据科学的发展与应用。在方法方面，介绍了人工智能领域的研究方法。在商业方面，对比了互联网产品与人工智能产品商业模式的异同，并提出了具体的商业手段。

第 2 章突出了人工智能与行业属性间的关系，介绍了人工智能技术的价值在于能够与行业属性相结合。本章结合产品互联网的相关特点，给出了行业属性的分析方法，并着重讨论了数据探索与行业之间的联系。

第 3 章阐述了人工智能产品的构建过程，通过逻辑梳理、需求转化、数据准备、模型建立、模型评估等步骤说明了人工智能产品的构建过程。同时重点强调了沟通是人工智能产品建设过程中重要的软技能。

第 4 章结合实际应用场景，介绍了部分人工智能算法。算法原理是开发人工智能产品的重要知识基础。根据笔者的实际经验，只有深度了解算法原理并将其与行业知识相结合，才能构建出真正能解决行业痛点的人工智能产品。本章介绍了线性模型、图像处理相关算法、自然语言处理相关算法、阿尔法狗系统的原理及机器推断技术等相关内容。

第 5 章主要讨论了人工智能产品经理的相关问题。产品经理应该如何应对中年危机，产品经理的核心价值是什么等，这些问题都是本章讨论的重点。本章还说明了人工智能产品经理的必要技能、工作流程，以及如何成为人工智能产品经理。

本书主要面向互联网行业的产品经理，以及各行各业对人工智能产品有兴趣的读者。本书十分强调行业的重要性，从一种全新的视角来介绍人工智能技术在行业中的应用，同时提供一种通过人工智能技术解决传统领域问题的思维方式。

针对人工智能产品的开发，本书通过对人工智能产品体系的构建，提供了一套完整的人工智能产品开发体系与路径。针对产品经理的发展，本书重点强调了行业能力是产品经理的核心能力，只有把握住对行业的深度认知，产品经理才能有较好的发展。本书的特点是可操作性强，书中提供了切实可行的分析方法，可以帮助产品经理构建知识体系。

针对希望成为产品经理的读者，本书主要立足于行业，告诉读者什么才是产品经理的核心价值。基于行业认知去进行产品思考，对新入行的产品经理而言非常重要。

对于非互联网行业的读者，本书是一本关于人工智能产品的科普读物。本书中介绍的很多分析方法适用于各个行业，本书可以作为传统行业与人工智能行业之间的桥梁。通过阅读本书，传统行业人士或许能获得一些灵感，从而能利用人工智能技术创造出更加优秀的产品。

最后，感谢在写书过程中一直支持、帮助我的每个人。

感谢浪潮集团副总裁、山东国数爱健康医疗大数据有限公司董事长高传贵先生亲自为本书作序。感谢产品界及投资界专家苏杰、江天帆、王玉峰、曹成明、丁红霞、Kevin、刘津为本书撰写推荐语。

感谢我的实习生张宇璨、李诗峣为本书文字做了校对工作。

感谢电子工业出版社的图书策划编辑林瑞和、董雪为本书出版做了大量工作。

由于本人水平有限，书中不足之处在所难免，欢迎各位读者提出宝贵意见。

高　飞

目　录

第1章　人工智能时代的产品思考　/1

1.1　人工智能产品　/2

1.2　体系——人工智能产品框架　/11

1.3　基础——数据的进化　/15

1.4　方法——人工智能领域的研究方法　/19

1.5　商业——人工智能时代的商业模式　/25

参考文献　/32

第2章　无行业不智能　/34

2.1　互联网的行业认知　/36

    2.1.1　互联网时代的下半场——产业互联网的兴起　/36

    2.1.2　如何才能懂行业　/39

2.2　产业互联网的行业属性　/45

    2.2.1　产品需求的行业属性　/45

    2.2.2　产品逻辑的行业属性　/47

2.3　行业与人工智能技术　/52

    2.3.1　人工智能与行业效率提高　/53

    2.3.2　人工智能与产业创新　/54

参考文献　/55

第 3 章　人工智能产品的构建　/ 56

3.1　逻辑梳理　/ 59

3.1.1　人工智能产品逻辑体系　/ 59

3.1.2　人工智能产品设计原则与方法　/ 60

3.2　需求转化　/ 65

3.2.1　需求与数据　/ 65

3.2.2　需求的产品转化　/ 66

3.3　数据准备　/ 68

3.3.1　数据获取　/ 68

3.3.2　数据治理　/ 70

3.3.3　数据标注　/ 84

3.4　模型建立　/ 85

3.4.1　知识建模　/ 86

3.4.2　非知识建模　/ 89

3.4.3　特征工程　/ 89

3.4.4　算法的选择　/ 95

3.4.5　模型的开发　/ 96

3.5　模型评估　/ 98

3.5.1　模型的业务评估　/ 98

3.5.2　模型的量化评估　/ 98

3.6　沟通——构建人工智能产品的软技能　/ 106

3.6.1　沟通分析　/ 107

3.6.2　沟通控制　/ 120

参考文献　/ 122

第 4 章　产品中的人工智能算法　/ 126

4.1　算法概述　/ 127

4.2　基于线性模型构建用户画像　/ 130

4.2.1　线性回归　/ 131

4.2.2 逻辑斯蒂回归 / 135

4.2.3 聚类算法 / 139

4.3 图像的处理原理 / 141

4.3.1 神经网络简介 / 141

4.3.2 神经网络算法概述 / 143

4.3.3 BP 神经网络 / 147

4.3.4 卷积神经网络 / 154

4.3.5 基于深度学习的目标检测 / 160

4.3.6 胶囊网络简介 / 162

4.4 自然语言处理与文本挖掘 / 163

4.4.1 自然语言处理流程 / 164

4.4.2 语料特征提取方法 / 169

4.4.3 循环神经网络 / 175

4.5 阿尔法狗系统的原理 / 177

4.5.1 博弈论基础 / 177

4.5.2 极小化极大算法 / 179

4.5.3 蒙特卡罗树搜索 / 182

4.5.4 强化学习 / 185

4.5.5 阿尔法狗系统 / 190

4.6 机器的逻辑推断 / 192

4.6.1 贝叶斯理论 / 192

4.6.2 马尔可夫网络 / 202

4.6.3 马尔可夫逻辑网络 / 205

参考文献 / 208

第 5 章 产品经理的进化 / 211

5.1 产品经理的思考 / 212

5.1.1 产品经理的成长路径 / 212

5.1.2 中年产品经理的危机与未来 / 216

5.2 人工智能产品经理 / 223

5.2.1 人工智能产品经理的基本技能 / 223

5.2.2 人工智能产品经理的工作流程 / 232

5.3 如何成为人工智能产品经理 / 234

5.3.1 产品能力 / 234

5.3.2 技术能力 / 236

5.3.3 行业能力 / 241

参考文献 / 241

第1章 ————————

人工智能时代的产品思考

↘ 1.1　人工智能产品

↘ 1.2　体系——人工智能产品框架

↘ 1.3　基础——数据的进化

↘ 1.4　方法——人工智能领域的研究方法

↘ 1.5　商业——人工智能时代的商业模式

1.1 人工智能产品

1956 年，科学家在达特茅斯会议（Dartmouth Conferences）上提出了人工智能（Artificial Intelligence，AI）这个概念，在此之后的几十年里，人工智能技术在实验室中被慢慢孵化，它被认为是人类命运转折的关键技术或摧毁人类的罪魁祸首。如今，人工智能技术已经渗透到人们的生活中，各种基于人工智能技术的产品层出不穷，在不断改变着我们的生活。

人工智能技术是研究用于模仿、延伸和扩展人类智能的理论、方法、技术及应用系统的一门新的技术。人工智能技术从本质上来看是模仿人类智能的技术，人工智能技术对人类智能的模仿如图 1-1 所示。

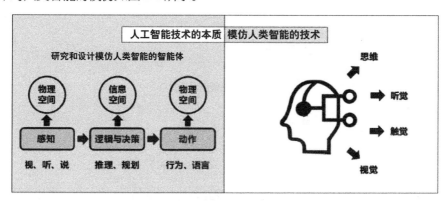

图 1-1　人工智能技术对人类智能的模仿

人工智能产品主要是指利用人工智能技术开发的一系列产品，其核心是算法模型。从产品价值的角度来讲，人工智能产品提高了信息产生的效率，互联网产品提高了信息传递的效率。随着信息传递效率的提高，人类社会进入了万物互联、协同发展的时代。未来随着信息产生效率的提高，人类社会将进入万物智能的新时代。

人工智能技术在产品中的应用以数据为基础，由于数据中包含了大量业务信息，所以人们利用数据进行"训练"以得到算法模型，算法模型是人工智能产品的核心。人们通过大量数据来确定一种运算模式，这个过程称为"训练"，所得到的运算模式就是算法模型。在算法模型确定后，将新的数据输入算法模型从而得到相应的结论。所以在人工智能产品的构建过程中，数据是十分重要的，它直接影响算法模型的质量。

如今有很多与人工智能技术相关的研究领域和技术，如图像处理、自然语言处理（Natural Language Processing，NLP），以及当前较为先进的工业语言处理（Industrial Language Processing，ILP）等。

工业语言处理是一类基于符号识别、机器翻译、逻辑推断等人工智能技术，用来处理行业通用性标识语言的技术。这项技术能够处理行业通用性标识语言，如电路图、建筑构图、化学结构式等。机器能够自动识别、分析工业语言，并根据工程师的相应需求实现多种功能。这项技术的产生代表了人工智能技术与行业的深度融合，也符合当前产业互联网发展的特点。

图像处理是人工智能技术应用的热点方向。基于卷积神经网络（Convolutional Neural Networks，CNN）对图像进行特征提取，机器可以自动完成图像识别、图片分类、图像目标检测等任务。人脸识别是人工智能技术在图像处理领域的重要应用，通过对人面部特征进行提取和对比，达到人脸识别的效果。利用人工智能技术对人面部特征进行提取如图 1-2 所示。

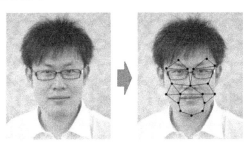

图 1-2　利用人工智能技术对人面部特征进行提取

自然语言处理是人工智能技术应用的又一大方向。自然语言处理是通过人工智能技术对人类语言进行分析、挖掘的一系列过程，其中包括语义理解、智能问答、语料资源建设、内容分析等几大模块。进行自然语言处理首先需要用已经标注好的语料作为数据进行训练，通过马尔可夫链（Markov Chain，MC）、长短时记忆（Long Short-Term Memory，LSTM）神经网络等一系列人工智能技术对数据进行训练从而获得算法模型。自然语言处理是一个很大的方向，拥有诸多应用场景。自然语言处理的一些应用场景如图 1-3 所示。

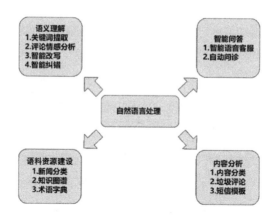

图 1-3 自然语言处理的一些应用场景

随着人工智能技术在各个行业中的深入应用，教育、金融、医药、交通、安防等诸多领域都有人工智能产品落地。图 1-4 概括了人工智能产品在各个领域的发展方向。例如，在教育领域，有个性化教学类的人工智能产品，可以根据不同孩子的学习情况因材施教；在金融领域，人工智能技术可以给股民朋友提供新的投资策略；在医药领域，人工智能技术应用于智能医学影像分析、药物构效关系预测、电子病历分析等。未来人工智能技术会给越来越多的行业带来更大的变革。

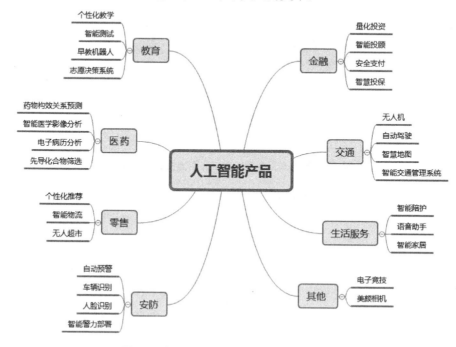

图 1-4 人工智能产品在各个领域的发展方向

互联网的高速发展使人类社会进入了大数据时代，大数据对人工智能的发展起到了积极的推动作用。在硬件方面，图形处理器（Graphics Processing Unit，GPU）、现场可编程门阵列（Field-Programmable Gate Array，FPGA）等的发展使数据处理能力大幅提高，云平台、摄像采集终端、各类数据传感器等基础设施的发展则为数据的采集、储存、开发提供了良好的载体。在软件方面，各类人工智能产品框架的发展，以及各种算法、网络模型的优化迭代等为人工智能技术的应用创造了有利条件。基于硬件与软件的高速发展，人工智能技术将更好地为大众生活服务。以下 4 个例子集中体现了人工智能技术正在改善人们的生活。

（1）人工智能+自动驾驶。

（2）人工智能+安防。

（3）人工智能+医药。

（4）人工智能+工业。

1．人工智能+自动驾驶

百度无人车 Apollo 在 2018 年中国中央电视台春节联欢晚会上亮相，它们组成车队出现在港珠澳大桥上，完成了很多高难度动作。此次亮相的无人车有多种车型，包括无人驾驶巴士、无人驾驶扫路机及无人驾驶物流车等。这些产品的应用场景包括家用出行、自动泊车、园区转运、城市物流运输等。

如果自动驾驶技术得到大规模应用，那么我们的出行方式将会发生极大的变化。早在 2014 年，国际汽车工程师学会（SAE International）就发布了自动驾驶技术的六级分类体系，具体级别划分和描述如表 1-1 所示。

自动驾驶是一系列人工智能技术的综合体现，包括图像识别、模式识别、定位及信号切换等技术。当前，大部分自动驾驶汽车还停留在 LV1 或 LV2 等级，但随着数据的积累、设备组网的落实、通信效率的提高，LV5 时代的到来指日可待。

2．人工智能+安防

安全始终是一个国家和一个城市重点关注的问题，安防状况关系到每个公民的生命财产安全。我国公共摄像头的普及及"天网工程"的实施都极大地推动了智能安防的发展。当前的智能安防技术主要通过识别监控视频中的图像数据，借助图像处理技术从海量图像数据中寻找安全隐患，实现安防行业从"看得清"到"看得懂"的智能升级。智能安防技术还可以用于进一步预测犯罪高危人群在某区域出现的概率，从而为警方制订合理的警力部署方案提供依据。目前，基于人工智能技术的视频监控产品能够自动识别人群非法集会、斗殴等一系列危险场景并及时报警。智能安防系统可以根据摄像头获取的图像自动提取行人与车辆的图像，如图 1-5 所示。

表 1-1 自动驾驶技术分级体系

分级 SAE Level	名称 SAE	定义	主体			
			驾驶操作	周边监控	支援	系统作用域
LV0	无自动化	人类驾驶员全权操控汽车，可以得到系统的警告或干预辅助	人类驾驶	人类驾驶员	人类驾驶员	部分
LV1	驾驶支持	系统根据驾驶环境对方向盘和加减速中的一项操作提供驾驶支持，其他操作由人类驾驶员完成	人类驾驶+系统			
LV2	部分自动化	系统根据驾驶环境对方向盘和加减速中的多项操作提供驾驶支持，其他操作由人类驾驶员完成	系统	系统		
LV3	条件自动化	由系统自动完成所有驾驶操作，人类驾驶员需要根据驾驶情况在适当时候予以应答				
LV4	高度自动化	由系统自动完成所有驾驶操作，人类驾驶员可以根据不同环境选择性应答			系统	
LV5	完全自动化	由系统自动完成所有驾驶操作，无论何种情况均无须人类驾驶员干预				全域

图 1-5　智能安防系统界面

2016 年我国国内安防市场规模约为 5410 亿元，到 2019 年我国国内安防市场规模达到 7412 亿元，安防类设备市场规模约为 2100 亿元。视频监控是安防行业最大的应用场景，占整个安防市场规模的 50.63%。安防行业具有巨大的市场空间，传统安防行业也必将向智慧安防行业升级。

3. 人工智能+医药

人工智能技术在医药领域具有巨大的应用潜力。李开复在《人工智能》一书中也多次提到，人工智能技术对人类非常有意义的作用之一就是促进了医药行业的发展。笔者在人工智能医药领域工作多年，深切感受到人工智能技术为医药行业带来的变革。在医疗服务方面，智能医学影像分析系统、智能导诊系统、区域健康管理平台、电子病历分析平台、基因检测平台等都使用了人工智能技术；在药物研究方面，药物警戒系统、计算机辅助药物筛选平台、智能药物分析检测工具、临床科研平台等产品都是人工智能技术在医药领域应用的杰出代表。人工智能辅助病理诊断系统可以通过算法自动对肿瘤细胞进行定位，如图 1-6 所示。病理诊断是国际上公认的癌症诊断金标准，它是先对活体组织进行取样并制作成组织切片，然后病理医生根据个人经验进行观察的诊断方式。在我国，病理医生极度缺乏，远远无法满足当前的诊断需求。病理医生依靠肉眼对病理图像进行观察并对病理进行诊断的过程非常缓慢，需要具有丰富的临床经验才能做出正确判断。人工智能辅助病理诊断系统通过对癌症组织进行特征提取，能够快速定位病灶区域，极大地提高了病理医生的诊断效率。

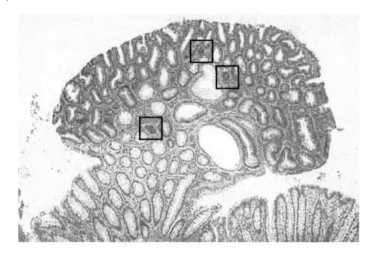

图 1-6   人工智能辅助病理诊断

众所周知，药物研发成本高且周期长，具有极高的风险。一个新药从最初的苗头化合物（Hit Compound）筛选到上市需要 10 年左右的时间。为加快药物研发速度，人们通过人工智能技术构建了许多产品，以在药物研发不同时期加速研发进程。例如，通过强化学习算法加速分子与蛋白的对接速度，通过蒙特卡罗树搜索（Monte Carlo Tree Search，MCTS）算法对化合物进行逆合成分析，通过迁移学习算法进行临床试验设计等。人工智能技术在药物研发不同阶段的应用场景如图 1-7 所示。

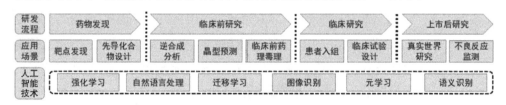

图 1-7   人工智能技术在药物研发不同阶段的应用场景

目前在医疗诊断领域，人工智能产品虽然不能完全替代医生，但是可以帮助医生提高诊疗效率和降低失误率，还可以在一定程度上解决偏远地区医生不足的问题。医疗领域的算法模型主要依靠对专业医疗数据进行训练得到，当前的首要问题是缺乏足够的真实准确的医疗数据来进行训练。目前的医疗数据本身也存在种种问题，包括存储混乱、各地方数据标准不统一等。为了解决这些问题，政府正在积极建设医疗数据中心，推进医疗数据治理工作，建立医疗数据标准，促进人工智能医疗产品的发展。

医疗数据中心在我国已经初见规模，但医疗数据应用方面的相关法律还有待健全，特别是医疗数据商业应用方面的法律。只有通过商业价值的驱动，医疗数据才能真正发挥其巨大的作用。如何在确保个人隐私不被泄露的前提下安全、高效地使用医疗数据至今也没有确定的标准。这些因素也阻碍了人工智能技术在医疗领域的发展。在此方面，笔者认为医疗数据的商业应用可以分为两个阶段。

第一个阶段：经过医疗数据分析得到的结论可以进行商业应用。

首先经过国家授权具有医疗数据分析资质的医院或机构可以对医疗数据展开分析工作。对医疗数据进行分析得出的结论一般属于统计学信息，不存在个人隐私泄露的问题。这部分结论可以进行商业应用。

第二个阶段：不含个人隐私信息的医疗数据可以进行商业应用。

在完成第一个阶段的工作之后，由于具有医疗数据分析资质的医院或机构数量有限，医疗数据的分析远远无法满足市场的需求。我们需要探索医疗数据的脱敏方案，将医疗数据去除一切个人隐私信息后向市场开放。

医药数据作为稀缺资源，要经过合理的脱敏处理才能向市场开放。医药数据的开放必将对医药行业产生巨大影响，也会极大地推动医药产业的发展与商业模式升级。

4．人工智能+工业

"工业 4.0"是指利用物理信息系统（Cyber Physical System, CPS）将生产中的供应信息、制造和销售信息数据化，并辅以人工智能算法进行分析，最后针对个体用户进行个性化产品供应的智能化工业时代。

"工业 4.0"是基于物联网的智能化工业时代。物联网的大规模应用使设备间相互连通并产生大量运营数据。在工业的整体系统中，物联网、传感器、数据传输、数据治理等技术的不断发展为工业的智能化转变提供了可靠的感知基础与数据基础。工业人工智能产品可以提高工业流程效率，降低人在工业实施过程中的参与程度，为人们提供智能化的解决方案。"工业 4.0"的发展框架如图 1-8 所示。

近年来，工业人工智能产品的种类呈现爆发式的增多态势。2015 年，美国通用电气（General Electric，GE）公司推出 Predix 云平台。Predix 是一个面向工业开发者的云平台，它通过物联网通信，为使用者提供有效的数据，它也支持搭建多种智能分析平台，从而帮助使用者高效、智能地进行平台运营并提高服务效率。当前通用电气、丰田、固特异、宝洁、日产、中船工业等企业，都在利用人工智能技术寻求产业的加速转型。

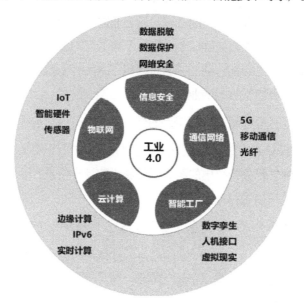

图 1-8 "工业 4.0"的发展框架

人工智能技术在各个领域蓬勃发展，为我们的生产、生活带来了便利。与此同时，人工智能技术的使用不当与过分依赖也会造成不可逆转的严重后果。2018 年 10 月，印度尼西亚狮子航空公司一架波音 737-MAX 8 客机在雅加达起飞 13 分钟后坠毁在爪哇海；2019 年 3 月，埃塞俄比亚航空公司一架波音 737-MAX 8 客机坠毁。经调查，两次空难的发生都是由于波音 737-MAX 8 客机的人工智能辅助自动平衡系统出现问题。当前几乎所有客机都装配了人工智能辅助自动平衡系统，人们对人工智能技术的过度依赖使得他们在危险来临时束手无策。为避免意外的发生，人工智能技术的使用应该有一定的原则和底线。

2018 年 6 月谷歌（Google）公司的 CEO 桑达尔·皮查伊（Sundar Pichai）向人工智能产品的设计者与技术人员提出了 7 项原则与 4 条底线。

7 项原则如下。

① 对社会有益。

② 避免制造或加剧社会偏见。

③ 提前测试以保证安全。

④ 由人类承担责任，即人工智能技术将受到适当的人类指导和控制。

⑤ 保证隐私。

⑥ 坚持科学的高标准。

⑦ 从主要用途、技术独特性、规模等方面来权衡。

4 条底线如下。

① 对于那些将产生或者导致伤害的整体性技术，要确保其利大于弊，并做好确保安全的相关限制。

② 不会将人工智能技术用于制造武器及其他将会对人类造成伤害的产品。

③ 不会将人工智能技术用于收集或使用用户信息，以进行违反国际公认规范的监视。

④ 不会将人工智能技术用于违反国际法和人权的产品开发。

只有在坚持原则与坚守底线的前提下利用人工智能技术，才能创造出优秀的产品，从而推动产业发展升级。

1.2　体系——人工智能产品框架

人工智能产品是指所有利用人工智能技术生产的产品的总称。根据思考角度的不同，产品框架可以分为两类——基于技术的产品框架和基于用户的产品框架。

1．基于技术的产品框架

从人工智能技术的发展角度考虑，人工智能产品可以分为运算智能产品、感知智能产品、认知智能产品、类脑智能产品 4 个产品层级。从运算智能产品到类脑智能产品，技术复杂程度由低到高，如图 1-9 所示。

1）运算智能产品

具备运算智能是人工智能产品发展的基础阶段。运算智能产品更多地依靠计算资源来获得智能。大数据平台、云平台和物联网都属于广义上的运算智能产品。例如，IBM 公司早期推出的深蓝计算机曾战胜过国际象棋大师卡斯帕罗夫，其原理就是通过大量快速搜索产生走棋策略。

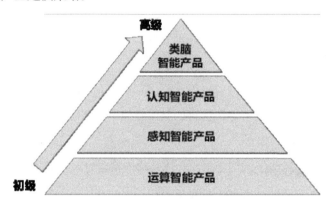

图 1-9　人工智能产品的产品层级

2）感知智能产品

具备感知智能是人工智能产品发展的初级阶段。感知智能产品主要用来替代人类的重复性劳动，没有涉及或少量涉及演绎、归纳等复杂逻辑。当前主流的人工智能技术或产品都处于这个阶段，如图像识别、机器翻译、人脸识别、语音识别等。

3）认知智能产品

具备认知智能是人工智能产品发展的高级阶段。在这一阶段，人工智能技术的应用将上升到抽象层面，认知智能产品应能解决概念理解、语义分析等问题。整体来看，认知智能产品属于人工智能技术发展到一定阶段后的产物，这一阶段的发展依赖于生物学研究的前沿进展。当前，语义分析类产品被看作认知智能的开端。

4）类脑智能产品

具备类脑智能是人工智能产品发展的最终阶段。类脑智能产品具有与人脑类似的思维，甚至能够模拟人的一切思维活动。目前达到这一阶段还是一个遥远的梦想，还有赖于生物神经科学领域技术的发展。

2．基于用户角色的产品框架

从用户角色的角度考虑，人工智能产品可以分为过程类产品与终端类产品。过程类产品是指可以提供通用人工智能技术能力输出的产品，其目标用户是产业链中的一些互联网公司或软件服务商。过程类产品更倾向于人工智能技术的输出，且具有通用性，如语音识别模块、自然语言处理模块、图像识别模块等。终端类产品是指面向大众或行业用户，利用人工智能技术构建的产品或解决方案。终端类产品服务于产业链中的最终消费者，而不是产业链中的某个环节。终端类产品通常对用户痛点有深入研究或具有较深的行业属性，具有便捷的交互界面，也具有较好的用户体验。终端类产品是基于基础平台的数据承载能力、建模能力等搭建的符合行业与业务特点的产品。

1）过程类产品

过程类产品是指以提供人工智能技术能力输出为主的一类产品。过程类产品的目标用户是产业链中的某个环节，而不是产业链中的最终消费者。过程类产品能够进行相对通用的技术能力输出，为其他业内厂商提供技术服务或解决方案。云平台、算法能力模块、底层开发平台等都属于这一类产品。

云平台是一种基于软件和硬件资源的服务体系，具有计算功能和网络存储功能。云平台大体可以分为三类：存储型云平台、计算型云平台和混合型云平台。存储型云平台是指以提供存储服务为主的云平台，用户可以将数据存储于该云平台，免去自建数据中心的麻烦；计算型云平台是指以提供运算资源为主的云平台，该云平台可以在用户对计算资源的要求较高时快速调取计算资源，可以方便地进行算力调度；混合型云平台是指综合了存储型云平台与计算型云平台的特点，可以提供存储服务与算力服务的综合型云平台。

云平台属于大型基础技术服务平台，属于过程类产品中的基础性产品。能够提供云服务的都是大型 IT 企业，包括阿里云、亚马逊、中国电信、中国移动及一些大型互联网公司。

通用的人工智能能力模块是指已经训练好的算法模型，通过调用接口的方式为用户提供智能服务。人工智能能力模块是一类典型的过程类产品，如图像处理模块、自然语言处理模块、语音分析模块等。这些人工智能能力模块输出相对通用的人工智能技术能力，可以在不同的场景下使用，也可以根据应用场景的不同将多个模块组合使用。这类产品的优点是使用方便，省去了用户自己开发模型的过程；缺点是由于模块具有通用性，难以很好地切合用户的使用场景。

人工智能开发平台是一类算法开发的基础框架。当前主流的开源人工智能算法平台包括谷歌公司基于 DistBelief 开发的 TensorFlow，脸书（Facebook）公司开发的 PyTorch，以及百度（Baidu）公司开发的 PaddlePaddle。这类产品就像一个功能强大的机床，可以帮助人们构建出不同的人工智能产品。如图 1-10 所示，过程类产品以技术为先导，倾向于提升产品底层的服务能力。

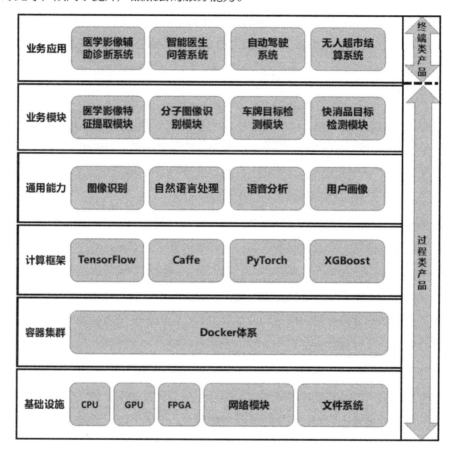

图 1-10　过程类产品与终端类产品

2）终端类产品

终端类产品是指满足用户需求的最终产品形态，往往具有较强的行业属性。终端类产品的用户是产业链中的最终消费者。终端类产品不仅可以提供人工智能技术能力输出，还可以针对某一特定行业或场景满足业务需求。终端类产品作为效率提高工具，通过提高产业效率引导产业形态升级。例如，在零售领域，从语音检索商品到 VR 购物，提高了人们的购物效率，也正在改变着人们的购物习惯；在医学领域，核磁共振分析平台可以自动识别核磁共振图像中的异常，提高了医生的工作效率；在政务服务领域，智能政务的出现使居民可以通过客户端进行自助缴费；在交通领域，智能物流系统利用人工智能技术改善车队管理方式，优化仓库存储配置。如图 1-10 所示，终端类产品以功能为先导，结合技术架构解决用户痛点。

总之，不同的分类方式代表了人们对人工智能产品不同的思考模式。从初级技术到高级技术，从底层技术能力到上层应用，人工智能产品也逐渐向着高智能、行业化的方向发展。

1.3　基础——数据的进化

在我们的生活中，每时每刻都在产生数据。例如，走路时，数据可以记录我们走过的距离；乘公交、地铁出行时，数据可以记录我们的行动轨迹；吃饭点餐时，数据可以记录我们的口味偏好。大家无时无刻不在贡献着自己的数据，这些数据通过手机应用、交通视频终端、检测器等被跟踪、采集。采集到的数据一般无法直接应用，还需要对其进行一定的处理才能将其用于数据分析或人工智能模型构建。

数据就像空气一样无时无刻不在我们身边，只要存在社会活动就会产生大量的数据。数据的定义非常宽泛，它早已不是常规意义上的"数字"，在业务过程中所有产生的或被记录下来的痕迹都可以称为数据，不仅包括传统意义上的数字，还包括文字、图像、声音、视频等。不过计算机只能识别数字，其他形式的数据须转换成数字才能被计算机识别、处理。当前主要有以下几种数据形式。

（1）数字。数字是最传统的数据形式，如消费数据、报表数据及各种机器的参数等都是以数字的形式记录的。无论何种形式的数据，最终都要转换为数字形式才能够被计算机识别、处理。

（2）文字。文字是重要的数据形式，其中蕴含着大量信息，如用户对商品的评论信息、新闻报道中的信息等都是以文字形式展现的。文本挖掘可以从文本中抽取新颖、有价值的知识，并且将这些知识组织成有用的信息。

（3）图像。图像数据利用成像的方式记录场景与状态。随着 GPU 的发展，图像数据处理成为当前热门的人工智能研究领域。通过对图像数据的处理，人们可以对图片进行特定分类与检测，在交通、医疗、安全等领域具有重大意义。

（4）声音。声音数据同样是重要的数据信息。例如，在语音识别、同声传译等领域都是对声音数据进行处理。声音数据处理需要通过编解码技术将声音转化为数字后提取相应特征。

（5）视频。视频数据可以认为是按时间序列排布的图像数据集合。当前对视频数据的分析，大多是先将视频转化为多组图像，再对图像数据进行分析，进而对视频进行分析。

数据的形式有很多，不同形式的数据有着不同的处理方法。数据之所以能够成为人工智能发展的基础，是因为数据中蕴含着人类已知与未知的经验与规律，这些经验与规律正是人工智能发展的源泉。数据未来的发展表现为数据量的增大，更表现为数据价值的体现。数据正在成为企业的一种资产，甚至一类战略资源。未来需要对数据进行融合交叉，将不同维度的数据进行组合，以创造更大的价值。

1. 数据的内涵

数据是人类活动留下的记号，这些记号必然蕴含着人类活动的经验与规律。

1）数据是人类经验的载体

在人工智能领域有一句调侃的话"人工智能有多智能，背后就有多少人工"。人工智能模型是通过数据训练而得到的，机器只有通过学习数据中蕴含的人类经验才能获得智能，所以数据是人类经验的载体。

工程师能够根据仪器产生的数据判断仪器是否有故障，医生可以根据医学检验数据判断患者是否存在某些疾病，人能够区分鸟与乌龟的照片等，这些都是人的经验。这些仪器产生的数据、医学检验数据、鸟与乌龟的图片等在没有人类依据经验对其进行解读时，只是一些数字或图片，称为原始数据。人类经验为这些数据赋予了相应的意义，人们可以标识出哪种数据代表仪器出现故障，哪类医学检验数据代表患者患有糖尿病，哪一张是鸟的照片、哪一张是乌龟的照片，这个过程称为数据标注。数据标注是确定原始数据与数据意义对应关系的过程，也是人类经验的集中体现。

在对数据进行训练以得出人工智能模型的过程中，需要使用已经完成标注的数据，这样才能确保人工智能模型能够准确学习到数据中蕴含的人类经验。

2）数据中蕴含着事物规律

在社会活动中，很多规律与知识不会轻易被人们发现，而是会隐藏在这些活动产生的数据之中。著名的尿布与啤酒的故事，就是数据体现事物规律的一个案例。进行数据挖掘就是为了探索数据中蕴含的客观规律，这些规律可以丰富人们对事物的认识，指导人们未来的工作。

2．数据的发展

未来数据发展的重点在于如何突出数据的价值。因为人们追求的是数据的价值，所以不但要发展与数据科学相关的新技术，还要将这种价值应用到业务场景之中并形成商业模式，只有具备良好的商业模式，才能保证数据价值的稳定输出。

数据的发展也带来了思维模式的转变：从之前的被动产生数据，转变为当前的主动利用数据；从之前的人脑产生知识，转变为从数据中提取知识。这种数据思维模式的转变，对未来数据科学乃至人工智能技术的发展具有深远影响。

1）数据资产

数据不仅是一项资源，还是一种资产。数据资产是指由企业过去的交易或业务所形成的、由企业拥有或控制的、预期会给企业带来经济利益的数据资源。数据资产的三要素为企业所有、价值可度量和存在商业价值，如图 1-11 所示。数据资产是企业财富的另一种表现形式，学会创造数据资产是未来企业获取利益的重要手段。

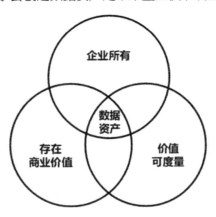

图 1-11　数据资产的三要素

将数据转化为资产是数据发展的必然趋势。数据成为资产代表着数据价值被认可，代表着数据商业的成型，代表着数据价值可以用货币对价的方式进行描述。数据资产可以提升企业的竞争力，同时有利于企业更快、更好地融入业务场景。不同数据资产的相互组合，可以为企业拓展商机、构建新的商业模式。

将数据转化为资产并不是一件容易的事。当前社会生活产生的数据繁多，但多数是比较混乱的非结构化数据，真正能够用来进行数据分析的结构化数据相对有限。将数据转化为资产首先需要经过数据治理的过程，需要从数据存储、数据结构、数据关系等方面提升数据价值。

2）数据思维

在传统的认知中，有一句话叫"知识就是力量"，知识是人通过长期实践总结出来的规律，可用来指导人们未来的行为。在数据时代，数据也是一种力量。对数据进行良好的组织、挖掘、建模的能力成为数据时代的核心竞争力。数据中蕴含着知识，但是数据中的知识并不一定需要提取出来才能够利用，这就是数据思维。当前神经网络的大规模应用，使人们可以直接通过数据训练解决问题。在数据的训练过程中，忽略知识提取这个过程，人们解决问题的思维模式便可由"知识范式"过渡到"数据范式"，如图 1-12 所示。

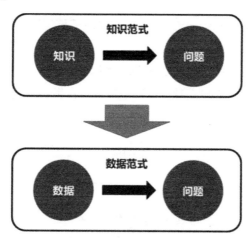

图 1-12 思维模式"知识范式"向"数据范式"过渡

知识范式是指人们通过知识解决问题的模式与方法；数据范式是指不提取数据中的知识，直接通过数据解决问题的模式与方法。人们应用数据思维解决问题，可以通过数据弥补知识方面的缺失，但并不意味着要完全放弃通过知识解决问题的方法。未来需要使"知识范式"与"数据范式"两种思维模式相互协调，针对不同问题采用不同的解决策略。

1.4　方法——人工智能领域的研究方法

人工智能技术的发展大体需要经过两个阶段，即感知智能与认知智能。感知智能是人工智能技术发展的初级阶段，这个阶段的人工智能技术主要是对数据进行接收与识别；认知智能是人工智能技术发展的中高级阶段，这个阶段的人工智能技术主要是对数据进行评价、判断、归纳。由于生物医学的发展与计算科学的脱节，当前人们对人工智能的研究处于初级阶段，只能达到感知智能与初级认知的水平。人工智能领域的发展路径如图 1-13 所示。人们对人工智能的研究从初级感知到抽象认知过程，可以概括为人们对人脑智能本质理解的深入。

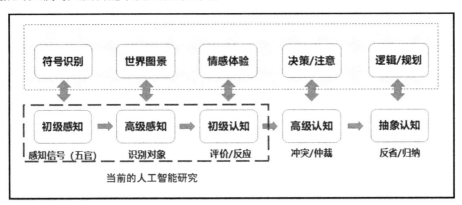

图 1-13　人工智能领域的发展路径

2011 年诺贝尔经济学奖获得者 Thomas J. Sargent 在世界科技创新论坛上表示，人工智能技术其实就是统计学知识，只不过用了华丽的辞藻来修饰，其本质就是统计学公式。此言一出，激起千层浪，给当前火热的人工智能技术泼了一盆冷水。统计学是一个古老的学科，是通过搜集、整理、分析统计资料认识客观现象数量规律性的方法论。人工智能技术以统计学知识为基础，是对统计计算的归纳和扩展。人工智能领域内涵非常丰富，不但涉及数学与计算机科学的内容，还涉及社会学、心理学、哲学等学科的内容。

常见的人工智能技术的研究方法分为两类：统计学习算法与深度学习算法。近几年还出现了许多统计学习与深度学习融合的算法，这些算法的协同利用使人工智能技术能更加准确、高效地解决场景问题。

无论何种算法，其作用都是实现两类功能：分类和预测。例如，图片的目标检测是一个分类问题，语音识别也是一个分类问题，未来股票收益率是一个预测加分类问题的组合。所以在遇到实际问题时，要看到问题的本质，这样才能选择最佳的人工智能技术来解决问题。

1. 统计学习算法

统计学习算法是以概率论与数理统计为理论基础，对数据进行分析和预测的机器学习算法。传统的机器学习算法一般指的就是统计学习算法。统计学习算法与统计学理论有着千丝万缕的联系，想了解统计学习算法的原理，首先需要深刻理解数理统计的相关原理。当前人们对人工智能技术的研究大部分是通过机器学习算法进行的。

统计学习算法的对象是数据，主要学习过程为提取数据特征、建立数学模型、通过算法对数据进行分类和预测。统计学习算法包括模型、策略和算法三个部分，称为统计学习算法的三要素。

模型是指运用数理逻辑方法和数学语言构建的用于描述数据的规律的科学或工程模型；策略是指通过数据学习或优化模型的准则设计出的用于评价优化模型函数的多种策略；算法是指模型学习与优化过程中具体的计算方法。举一个简单的例子，有一批数据需要进行建模处理，我们将该问题转化为构造一个线性函数来拟合这些数据。其中，模型是一个线性函数，它是利用数学语言构建的科学模型；策略是使该线性函数所表示的直线到每个数据点的距离之和最小，这样能够保证该直线完美的"穿过"这些数据点；算法是最小二乘法，众所周知最小二乘法可以用于计算这种线性函数的拟合问题。

确定模型首先要对问题有清晰的认知，当然这可能需要大量的专业知识。只有对问题有足够的认知，才能确定问题属于哪些模型的使用场景。确定模型更重要的目的是确定模型的假设空间，即所要学习样本的概率分布空间。在模型的假设空间确定之后还要制定策略、选择算法，其中制定策略是指考虑按照何种准则来选择最优模型，选择算法是指选择具体的实施方法，即根据样本数据情况确定利用何种算法进行计算。统计学习算法三要素间的关系如图 1-14 所示。

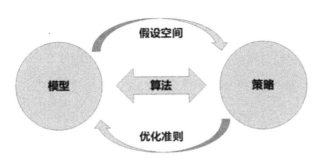

图 1-14　统计学习算法三要素间的关系

统计学习算法有很多，不同的算法模型用于解决不同类型的分类和预测问题。常用的统计学习算法包括线性回归算法、决策树算法、支持向量机算法、EM 算法、概率图模型、贝叶斯算法等。统计学习算法最大的特点是具有良好的理论解释性，每个公式能得到严谨的数学证明。

2．深度学习算法

深度学习算法源于对人工神经网络（Artificial Neural Network）的研究，是指模拟人类神经系统的运作方式，将目标数据输入神经网络进行特征提取，从而进行数据分类和预测的算法。

深度学习算法是机器学习算法中的一个新的研究方向，主要依靠神经网络模型进行算法构建。模型的学习过程有监督学习与无监督学习之分。监督学习是指利用一组已标注数据对模型进行训练，使其达到所要求的性能的过程；非监督学习是指利用一组未标注数据对模型进行训练，寻找数据隐藏结构的过程。根据不同的学习框架和目的设计出的深度学习网络具有很大的差异，如 CNN 与 DBN（深度信念网络）就是两种不同的网络形态，前者基于监督学习，后者基于非监督学习。深度学习算法当前最大的问题是理论解释性差，神经网络属于黑盒模型，我们难以用数学去证明神经网络的整个知识体系。如果能完全将神经网络变为可解释的知识体系，那么人工智能技术将会前进一大步。

深度学习算法主要用于解决分类问题，无论是对图像处理还是对文字处理都起到了分类器的作用。但是由于深度学习算法主要依靠神经网络模型进行算法构建，在使用方面也存在如下几种缺点。

（1）需要利用大量已标注数据对模型进行训练，否则难以得到理想的结果。

（2）模型参数复杂、运算量大、对算力要求高。

（3）模型缺乏理论解释性，存在安全隐患或不可控因素。

（4）模型缺乏通用性。

基于以上几种缺点，深度学习算法的完善还需要经历较长的发展阶段。当前已经出现了一些新型的深度学习算法，正在提高算法的理论解释性，降低模型对数据的依赖程度。新型的深度学习算法将在后续内容中介绍。表 1-2 对比了统计学习算法与深度学习算法的定义及算法特点。

表 1-2　统计学习算法与深度学习算法

项　　目	统计学习算法	深度学习算法
定义	统计学习算法是以概率论、数理统计、泛函分析等数学分支学科为基础的机器学习算法	深度学习算法是一类以神经网络为基础的机器学习算法的分枝。深度学习算法通过组合低层特征，形成更加抽象的高层特征，用于表示属性的类别与要素
算法特点	具有良好的理论解释性，有完善的统计学理论支持	理论解释性能差，黑盒模型
算法种类	线性回归算法、决策树算法、支持向量机算法、EM 算法、概率图模型、贝叶斯算法等	神经网络体系

总之，统计学习算法可以理解为在高维空间中寻找超平面，对对象进行分类；深度学习算法可以理解为寻找从输入空间到特征空间的非线性映射，使特征空间线性可分，从而达到分类的效果。未来人工智能技术的发展需要将两种算法结合并赋予其新的模式，同时也有赖于生物神经科学的发展。目前，统计学习算法和深度学习算法大多以降维为目的，这不一定与人脑真实的数据处理过程相符，未来人工智能技术的处理方法还需要人们深入探索。

3. 前沿人工智能技术研究方法

虽然当前人工智能技术发展迅速，但人工智能的认知过程与人类智能的认知过程差距很大。人类具有举一反三的能力，能够将一个事务的逻辑运用于不同事务。例如，我们在小时候第一次看到某个动物时被大人告知那是一只鸟，此后我们能够顺利将鹦鹉、杜鹃、大雁等动物归为鸟这一个物种。但计算机不具备这种能力，它需要对上万张鸟的图片进行模型训练，才能够识别出特定的几种鸟类。由此可见，未来的人工智能技术还有巨大的改进空间。

从医学的角度也能够说明当前人工智能与人类智能的区别。以当前医学研究得较为成熟的"视觉"领域为例，在人的视觉系统中，图像从视网膜输入后，晶状体会以不同维度的感知单元和不同维度的处理单元对图像进行处理，而不是单一地利用神经元堆叠或多层神经网络进行图像处理。由于原理上的差异，人的视觉系统对图像的处理过程与当前计算机对图像的处理过程形成了鲜明的对比。

人的视觉系统处理图像时，并非只对图像进行降维处理，还会对图像进行升维处理，即将图像升维后分组，再交给不同的处理单元进行处理。计算机利用单一模型（神经网络）来处理图像，而人的视觉系统将多个模型分成不同的通路对图像进行处理，多通路处理方法的本质是数据升维。数据升维可以理解成对原始图像数据进行特征提取，针对不同的数据特征利用不同的模型进行处理。举一个简单的例子，当人们看到狗的图片时，人的视觉系统会将狗的图片分解成不同的特征，包括图片的长宽高、RGB、灰度、狗各部位的相对位置关系等，这就是对图像数据的升维处理。这些数据特征在人的视觉系统中分别被交给不同的处理单元进行处理，在得到处理结果之后，将结果重新组合在一起作为狗这张图片的认知元素。图像数据在人的视觉系统中经历了升维、特征处理、降维的过程，而并非仅经历了一个简单的模型输入、输出的过程。人的视觉系统处理图像的过程需要感知（类似神经网络技术）单元和认知（类似贝叶斯技术）单元协同工作，是整合感知、识别、学习、预测等功能的一体化过程。计算机视觉与人类视觉图像处理过程的差异性如图 1-15 所示。

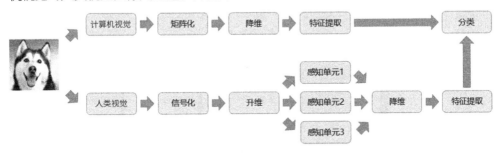

图 1-15　计算机视觉与人类视觉图像处理过程的差异性

此外，人类智能还包括诸多其他丰富的内涵，如从感官引领的初级感知到神经引领的高级感知。高级感知是一个复杂的过程，由多种神经细胞参与协调，它将输出一个世界图景而不是一张图片。人类的大脑感知到的图像不仅是一群像素点，还是包含人、物体、环境等各种元素的三维模型。在感知层之上，大脑还有一个认知层，认知分为初级认知、高级认知两个部分。初级认知使人形成体验与情感，在初级认知出现不协调或矛盾时，将由高级认知来对事物进行处理；高级认知使人具有决策能力与逻辑能力，能通过概念的推导形成语言和思维。由此可见，人类大脑工作原理的研究是未来人工智能技术发展的重要指引。

人工智能技术下一步的发展需要将统计学习与深度学习相结合，进一步对人类智能的处理方式进行模拟，主要包括以下三个方面。

（1）降低模型对训练数据的依赖。

（2）更全面地提取对象特征。

（3）按照人类智能机理重构算法流程。

当前已经出现了一些较新的、更贴近人类学习方式的算法。在降低模型对训练数据的依赖方面已经出现一些新兴技术，如弱监督学习、迁移学习等。在更全面地提取对象特征方面也出现了一些新方法，如利用胶囊网络模型可以准确识别不同角度、不同方位的目标信息等。按照人类智能机理重构算法流程是一项巨大的工程，不仅有赖于计算技术的发展，还有赖于生物工程的发展。强化学习过程被认为最符合人类对事物的认知过程，近几年发展起来的深度强化学习算法，结合了神经网络与强化学习算法的优势，正在被用于构造与人类思维接近的类脑模型。类似的技术还有图神经网络、元学习等。

在云计算方面，5G 及边缘计算的发展稳固了算力基础，也为未来人工智能的发展奠定了基础。人工智能的发展趋势如图 1-19 所示。

图 1-16　人工智能的发展趋势

在未来的发展中，以下一些算法值得重点关注，包括迁移学习算法、胶囊网络模型、深度强化学习算法、多粒度级联森林算法等。

1）迁移学习算法

迁移学习算法是利用已有知识对相关领域的问题进行求解的机器学习算法。迁移学习算法放宽了数据的独立与分布两个前提假设，利用相似数据形成模型，对新问题进行分析。当前，迁移学习算法可以用来解决有少量样本或无样本的学习问题。

2）胶囊网络模型

由于 CNN 模型只能提取图像特征而忽略了对象空间、方向、大小的匹配，所以人们提出了胶囊网络模型，该模型可以提取不同角度、不同明暗的物体的图像特征，甚至可以分辨出不同特征之间的矢量关系，如嘴在鼻子下面等。该模型可以大幅度地提高图像识别准确性。

3）深度强化学习算法

普通的强化学习算法输入的多是维度较低的数据类型，并且强化学习算法的动作空间和样本空间都很小，大多在离散数据的环境下进行。在实际情况中，任务通常有着很大的样本空间和连续的动作空间。连续图像或声音等类型的数据具有较高的维度，使用普通的强化学习算法很难对其进行处理。深度强化学习算法可以利用深度学习算法应对高维的数据输入，是将深度学习算法与强化学习算法相结合的算法。

4）多粒度级联森林算法

多粒度级联森林算法（Multi-Grained Cascade Forest）是周志华教授提出的决策树集成算法。首先生成一个深度树集成算法，利用级联结构让 gcForest 模型对其进行学习。gcForest 模型把学习过程分成两个部分，即多粒度扫描（Multi-Grained Scanning）和阶梯森林（Cascade Forest），通过多粒度扫描主要生成数据特征，通过阶梯森林经过多层级联得出预测结果。

整体来看，人工智能技术的发展之路是从弱人工智能到强人工智能。未来，我们还需要在人工智能技术的基础上进一步整合多种技术（如神经科学、认知科学等），来引领未来人工智能的发展。

1.5　商业——人工智能时代的商业模式

人们正在利用人工智能技术与大数据技术从新的角度升级当前的商业模式，为传统商业模式中的产业上下游关系增加了一个数据的维度，如当前有很多出售医疗影像训练集、语音训练集、自动驾驶数据训练集等的企业。之所以要从数据维度去观察产业链的各个环节，是因为产业链的各个环节都会产生数据，这些数据可以使产业链的各个环节产生新的价值，如图 1-17 所示。

图 1-17　数据的商业价值

从数据出发可以挖掘新的产业价值，将不同行业的数据进行交叉可以获得商业模式设计的新思路。例如，将电子病历数据与金融保险等领域的数据融合，可以挖掘大众在健康险等方面的需求；将电子病历数据与电商等领域的大众消费数据融合，可以对不同适应症患者进行消费分级。

本节从传统商业模式设计入手，分析人工智能与大数据如何推动商业模式设计的革新。

1．互联网时代的商业模式设计

商业模式设计是产品构建过程中最重要的部分，但是很多产品经理不太注重商业模式设计，原因可能是他们对行业不够了解或者其职位没有达到一定高度。都说产品经理是最接近 CEO 的职位，一个有着商业模式思考的产品经理也许就不会再安于现状，而是会去追求自己心中的那个产品。

商业模式的重要性主要基于以下两个方面。

（1）商业模式是企业存在的意义。

（2）商业模式是产品发展的原动力。

企业的一个重要目标是获取商业利益，只有能获取商业利益，企业与社会的关系才是稳定、可持续发展的。企业可以通过设计好的商业模式来获取商业利益，好的商业模式源于企业领导者对行业的了解及对用户痛点的把握，也源于其对整个社会水平的认知与其个人阅历。

企业要获取商业利益离不开产品，除实体的产品以外，企业提供的服务也可以看作一类产品。网站、App 的上线与迭代都是商业模式直接作用的结果，也就是商业利益作用的结果。企业做产品时总是希望产品能做得更好，具有更良好的用户体验，或者可以更高效地完成业务流程，每个变化都是以商业模式考虑为基础的。

作为产品经理，特别是中高级产品经理，一定要养成构建商业模式的思考习惯，这样才能发现很多工作的内在联系，并能提出很多具有全局观的产品决策方案。

下面来具体介绍商业模式设计的要素与方法。

了解用户痛点与需求是进行商业模式设计的前提。首先回答一个问题：用户痛点与需求是不是调研出来的？在产品开发的过程中通常需要进行用户调研，有些老板会让产品经理去调研用户的需求，所以很多人认为用户痛点与需求是调研出来的。在笔者看来，用户痛点与需求是产品开发者基于对行业或市场的充分了解提炼出来的，调研只是对提炼出来的用户痛点与需求进行确认与完善过程。需求的认知过程如图 1-18 所示。

图 1-18　需求的认知过程

随着时代的发展，表层需求已经不足以支撑产品商业化，这就对需求挖掘提出了更高的要求，同时也对产品构建提出了新的门槛。如果一个人对整个行业与市场没有深刻的理解，那么他就很难提炼出真正的用户痛点与需求，这也就是为什么很多创业者是行业内的专家，或者老板会聘用一位行业内的专家作为公司高层管理人员。在提炼出用户痛点与需求之后，便可以进行用户调研，对之前的提炼结果进行补充或修正，并进行市场方面的研究。完成上述所有工作之后，综合之前的信息进行商业模式的设计。

商业模式设计没有标准的流程，根据领域不同而有所区别，高度概括的商业模式方法论往往实用性很低。本书根据互联网行业的相关产品特点，给出了 6 个步骤作为商业模式设计的基本框架，如图 1-19 所示。

图 1-19　商业模式设计的基本框架

价值分析是商业模式设计的第一步，它代表了企业对用户痛点与需求的把握，同时表明了企业价值的传递方向。业务定位、运营模式、市场结构、资源配置 4 个步骤并没有明确的优先级，都是商业模式设计的必要步骤。盈利模式是商业模式设计的最后一步，在完成前面所有的分析之后再来集中决策盈利模式。这 6 个步骤在整个商业模式设计中循环更新、相互影响，构成一个有机整体。

1）价值分析

价值分析主要包含前面讨论的用户痛点与需求分析，以及企业给整个产业带来的价值分析。随着产品投入市场，在不同时间对不同用户而言，产品传递的价值也有所差异。只有加深对用户痛点与需求的理解，才能把握不同时期、不同阶段的产品价值。

2）业务定位

业务定位是指企业基于用户痛点与需求确定业务模式以赢得用户与市场的青睐，换句话说就是企业围绕用户痛点与需求设计出合适的产品。针对某一个用户痛点，要构建的产品的可大可小，可以设计一个大的智能平台来解决问题，也可以设计一个小的插件来解决问题，这取决于企业对市场布局与自身情况的综合考虑，好的业务定位能极大地帮助企业产品进行行业切入和后续迭代。

3）市场结构

针对某个具体行业，要根据该行业所在的产业链分析本企业产品的市场结构。分析市场结构要分析用户与潜在用户、市场规模随时间的变化情况、产业链上下游关系，以及产业各个分支的发展等。

4）运营模式

运营是指产品成长过程所要做的工作。有个比喻很形象，产品经理开发产品好比生孩子，运营好比养孩子，产品的成长过程离不开运营。运营模式是指产品推广运作的手段、策略，针对不同市场、不同人群应采用不同的产品运营模式。

5）资源配置

资源配置主要用来分析企业具体存在哪些资源，以及各类资源的维护成本。企业资源主要分为以下几类。

（1）实物资产：企业的厂房、设备等。

（2）人力资源：企业拥有的各类人才及企业的社会关系。

（3）软资源：企业的互联网产品、技术、专利、商标、文化等。

（4）金融资产：来源于各方利益关系的金融资产，包括法定货币与虚拟货币。

（5）用户资源：企业产品的用户数量、关系等。

6）盈利模式

在进行完上述分析之后，便可制订盈利模式方案。盈利模式方案是在充分分析用户痛点与需求、市场及自身情况之后制订的方案。结合互联网行业本质，盈利模式主要有 4 个方面：广告，电商，线上、线下增值服务，数据交易。

传统的互联网产品商业模式设计过程如图 1-20 所示。商业模式思考是一种思维方式，产品经理在考虑产品迭代时，要时刻从商业模式的思考路径出发对产品开发过程进行全局性的考量。

在商业模式设计过程中也有不少误区，笔者也亲眼见到不少公司因此而倒闭，所以总结出了四个在商业模式设计过程中相对危险的信号。由于各个公司的背景不同，资金情况也不同，所以不能说这四点就是错误的，但笔者认为随着互联网的发展，这四点始终是危险的信号。

第一点：照搬国外的商业模式。

第二点：认为烧钱模式是万能的。

第三点：什么都想做。

第四点：公司将"To VC"作为主线，只进行资本运作。

第一点与第二点不必多说，大家都明白是什么意思，这里主要解释第三点与第四点，这两点需要一起来讨论，因为它们的联系很深。很多公司什么产品都想做也许是迫于融资压力，先针对各个领域做好战略布局，以满足投资人的需求，这一点在融资技巧上可以通过，但如果真的想把公司做好就一定要有自己的主线，绝对不能什么产品都做。公司和产品一样，需要有自己的核心功能才能赢得市场。从今后的互联网发展来看，一些初创公司把"To VC"作为自己的主线，最后脱手从中大赚一笔的这种做法越来越不可取。随着行业市场及资本市场逐渐成熟，一个公司是否在认真做产品、认真做市场很容易甄别。公司不以产品、经营为目的也很难有品牌与市场地位。

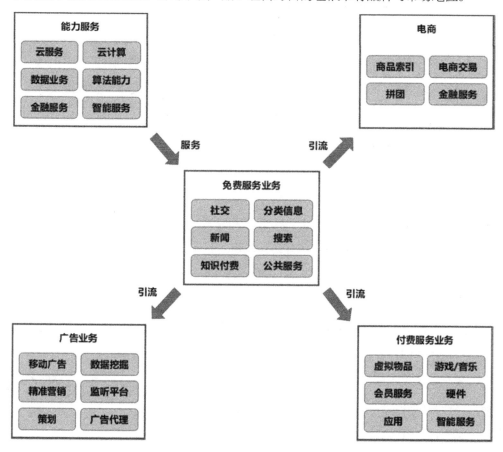

图 1-20　传统的互联网产品商业模式设计过程

2. 人工智能时代的商业模式设计

人工智能为商业模式思考增加了一个新维度，也提供了一种数据变现的方式。单纯从数据维度来看，可以将出售数据训练集作为盈利模式，如出售交通数据或某行业的交易数据；从人工智能技术维度来看，可以提高某行业的生产力或效率，如人工智能辅助癌症筛查等。

有很多医药健康领域的公司创始人曾找到笔者进行咨询，咨询的问题大多数是有数据资源但不知道如何利用，有数据资源但不知道如何做产品，以及如何才能将已有数据变现。这些问题都属于对新商业模式的思考，本节主要讨论如何从人工智能的角度设计商业模式。

人工智能产品的基础框架如图 1-21 所示。技术与平台类产品是基础，行业产品是在这个基础上发展出来的。人工智能行业也遵循产业链发展的规律，不同的阶段具有不同的商业模式。

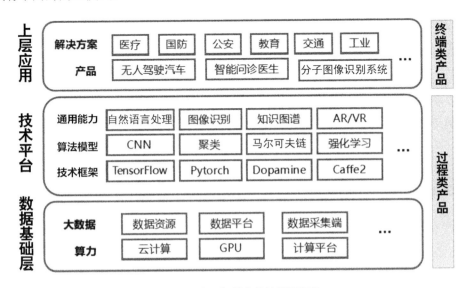

图 1-21　人工智能产品的基础框架

人工智能行业主要的商业模式有以下几种。

（1）数据资源交易：数据本身就存在价值，并且数据越稀缺、质量越高其价值也就越高，数据作为训练集可以当作商品出售。

（2）数据治理服务：提高数据质量在产业开发中始终具有重要地位，数据治理产品可以帮助企业将数据整合成质量高的数据资源。此类业务可以以产品的方式变现，也可以以服务的方式变现，各企业可以根据自身情况而定。

（3）基础资源服务：人工智能产业链上的基础资源主要有云存储、云计算、宽带等。这类业务一般属于重资产项目，大多由国有企业进行经营。

（4）接口服务：人工智能技术封装后，提供 API 接口，从而收取接口费用。

（5）项目服务：项目服务是当前人工智能领域主要的变现手段。根据各个用户的不同要求进行定制化开发，基于团队原有的人工智能技术收取项目费用。

（6）产品服务：项目是不可复制的，但产品是可以复制、推广的。基于人工智能技术的产品使生产商不但可以获得产品销售收入，还可以获取用户数据。

（7）数据分析与咨询：对产品用户产生的各种行为数据进行分析，产生规模后可以提供数据分析与咨询服务。

上述 7 种商业模式只是从人工智能产业链中衍生出来的商业模式形态，整个商业模式的确定依然需要遵循价值分析、业务定位、市场结构、运营模式、资源配置、盈利模式 6 个基本步骤，完整的商业模式设计还是要基于用户痛点与需求及市场情况来进行。

参考文献

[1] Xueguang Qiao, Zhihua Shao, Weijia Bao, et al.. Fiber Bragg Grating Sensors for the Oil Industry[J]. Sensors, 2017, 17(3).

[2] Manuel Bailera, Sergio Espatolero, Pilar Lisbona, et al.. Power to gas-electrochemical industry hybrid systems: A case study[J]. Applied Energy, 2017, 202.

[3] Carlo A. Amadei, Paula Arribas, Chad D. Vecitis. Graphene oxide standardization and classification: Methods to support the leap from lab to industry[J]. Carbon, 2018, 133.

[4] Yutao Wang, Xuechun Yang, Mingxing Sun, et al.. Estimating carbon emissions from the pulp and paper industry: A case study[J]. Applied Energy, 2016, 184.

[5] Zhongyang Han, Jun Zhao, Henry Leung, et al.. Construction of prediction intervals for gas flow systems in steel industry based on granular computing[J]. Control Engineering Practice, 2018, 78.

[6] Kyoungsun Lee, Yuri Park, Daeho Lee. Measuring efficiency and ICT ecosystem impact: Hardware vs. software industry[J]. Telecommunications Policy, 2018, 42(2).

[7] 艾瑞咨询团队. 2019 中国 AI+安防行业研究报告[R]. 艾瑞咨询有限公司，2019.

[8] 李航. 统计学习方法[M]. 清华大学出版社，2012.

[9] 亓红强. 智能技术对就业影响几何[J]. 人民论坛，2018(21).

[10] 人工智能前沿技术与应用实践[J]. 中国工业和信息化，2019(04)

[11] 杨丹辉，邓洲. 人工智能发展的重点领域和方向[J]. 人民论坛，2018(02)

[12] 新一代人工智能发展规划将发布[J]. 装备制造与教育，2017(03)

第 2 章

无行业不智能

↘ 2.1　互联网的行业认知

↘ 2.2　产业互联网的行业属性

↘ 2.3　行业与人工智能技术

十多年前，全球市值较高的公司多为能源领域的实业公司，只有极少数与互联网相关。而现在，全球市值较高的公司多为互联网公司，不得不说互联网的发展为全球经济发展带来了巨大的变革。互联网的发展影响着社会各个方面的发展，无论是消费升级、流量变现，还是工作效率提高，都极大地推动着社会的进步。互联网为社会所做的贡献可以用"升级"两个字来概括。互联网使社会关系发生了变化，无论是大众消费模式的更新，还是行业效率的提高，都是升级的表现。

从互联网价值的角度来讲，互联网可以分为消费互联网与产业互联网。

消费互联网是指以个人用户为中心，以日常生活为场景，满足消费者（C 端）消费需求的互联网类型。消费互联网经过多年的发展，已成为大众非常熟悉的互联网模式。消费互联网产品侧重于流量、用户体验与快速迭代。流量是消费互联网的重点，流量经济在社会经济形态中占有举足轻重的地位。

产业互联网是指可使传统产业借助大数据、云计算、人工智能技术及网络的优势，提高内部效率与对外服务能力的互联网类型。"互联网+"是传统产业实现转型升级的重要途径。产业互联网主要应用在产业端（B 端），需要将技术深入应用到各行各业的业务流程中，才能切实提高产业效率、推动行业发展。

从产品经理的角度来讲，消费互联网经过多年的发展已经达到瓶颈，目前已经有大批产品经理熟练掌握了通用型的产品技能，而互联网市场对这类产品经理的需求量也将达到饱和。产品经理仅依靠监督产品进度、做沟通、写产品需求文档（Product Requirement Document，PRD）等技能，将不能满足未来产业互联网的发展需要。产业互联网需要产品经理具有坚实的行业背景，同时具备互联网思维，并且掌握现有的一切互联网产品的构建方法。产业互联网的重点在于产业，产业互联网产品经理需要成长为懂行业的互联网人才。

懂行业是未来互联网产品经理发展的基础，也是未来产品经理发展的第一步。只有成为懂行业的互联网人才，才不容易被互联网行业淘汰。行业性也代表着人工智能技术发展的方向，只有按照行业需求设计出来人工智能产品才能更好地发挥作用。

2.1 互联网的行业认知

2.1.1 互联网时代的下半场——产业互联网的兴起

目前消费互联网市场趋于冷静，产业互联网正在兴起。产业互联网更多地针对 B 端市场进行产业升级，通过在研发、生产、交易、流通和融资等各个环节应用大数据、人工智能等技术，达到提高效率与优化资源配置的目的。

1. 消费互联网向产业互联网的转化

消费互联网将大众带进了真正的数字时代，它将衣、食、住、行等消费行为搬到了互联网上，服务于大众消费并升级了消费模式。产业互联网更多地面向 B 端市场，利用技术提高产业的内部效率与对外服务能力。

产业互联网与消费互联网之间，主要有以下 5 个方面的区别，如图 2-1 所示。

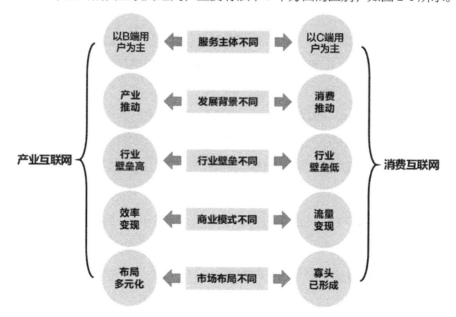

图 2-1 消费互联网与产业互联网的区别

1）服务主体不同

产业互联网更多地为行业服务，主要应用于 B 端市场；消费互联网主要提供大综消费的服务，大量的业务应用于 C 端市场。

2）发展背景不同

中国经济的发展促进了人民消费水平的提升，消费升级推动消费互联网的进一步发展，这也是中国经济增长的重要动力。但是，国内拥有强大的消费能力并不代表拥有强大的制造能力，企业需要提高自身竞争力才能适应时代的发展。在这样的背景下，发展产业互联网正好符合我国提高企业生产力和自主创新能力的要求。

3）行业壁垒不同

与消费互联网行业相比，产业互联网行业具有较高的行业壁垒，因为产业互联网的特征是将各类技术深度应用到行业流程中，这就需要产品经理对行业具有深入的理解。产业互联网产品经理也与消费互联网产品经理不同。产业互联网产品经理专注于行业，不会轻易更换行业去做其他行业的产品；消费互联网产品经理有可能今天做电商产品，明天就去做外卖方面的产品。

4）商业模式不同

消费互联网的商业模式是通过产品吸引流量，以流量评价扩大曝光率，再将流量与商业机构对接，实现流量变现。而产业互联网的商业模式是通过提高效率提高产业价值，将云计算、人工智能、大数据等技术应用到企业的产业流程中，实现技术为产业的赋能。

5）市场布局不同

在消费互联网长期的发展过程中，百度、阿里巴巴、腾讯、京东等大型互联网企业逐渐发展壮大。但产业互联网的持续发展给创业公司提供了发展的机会，使得单个行业中的新技术和新应用更容易脱颖而出。

2．产业互联网的发展要素

在人工智能技术兴起初期，我们进行过一个非常有趣的讨论：云计算、大数据、人工智能等技术的应用路径是以行业优先还是以技术优先。其实这个问题的产生源于人们对技术应用思考角度的差异。

技术优先的思维是指以技术为基础，去寻找合适的应用场景进行产品落地；行业优先的思维是指以行业应用为导向、以行业需求为基础，探究能够满足这些需求的技术。这两种思维都没有错，分别适用于产品发展的不同阶段。技术优先的思维更多应用在技术发展的早期，一项新技术推出后首先要确定其价值，需要多样化的场景来确定技术的社会应用价值。行业优先的思维通常应用在技术积累到一定程度之后，能够使用多种技术恰当地解决各类行业问题的阶段，产业互联网正是处于这样一个阶段，云计算、大数据、人工智能等技术相对成熟，我们需要通过这些技术赋能传统行业。所以，行业属性在产业互联网中具有重要地位。从技术优先思维到行业优先思维的转变如图 2-2 所示。

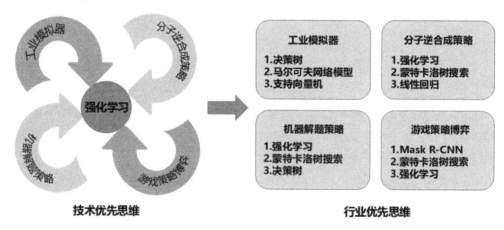

图 2-2　从技术优先思维到行业优先思维的转变

在产业互联网快速发展的大环境下，企业能否够抓住机遇实现自身发展，能否将技术真正地应用到行业场景中，还需要考虑以下两个因素。

1）跨界人才

人才是企业发展的关键因素，在产业互联网行业中，既懂行业又懂技术的跨界人才十分难得。医疗、金融、工业等行业专业度高，在这种情况下企业需要利用技术来解决行业问题，需要在行业方面有深厚积累且熟悉技术的人才参与产品研发。笔者遇到过很多研发人工智能产品的公司就是由于缺乏跨界人才而导致产品研发困难的。

即使技术团队和行业专家开展紧密合作，产品研发工程师也会由于思维模式不同而存在较长的磨合时间。对于很多创业公司来说，产品研发周期就是公司的生命线，但急于求成会导致做出来的产品浮于行业表面，无法解决实际问题，也就不可能被市场接受。

2）数据

云计算、大数据、人工智能等技术是产业互联网发展的核心技术，这些技术是以数据为基础的。从人工智能的角度来讲，数据决定了人工智能技术的上限，而算法只是逼近这个上限的渐进函数。这句话足以证明数据对于人工智能的重要性。经过多年的发展，各个行业都积累了大量的数据，但是这些数据大多是混乱的业务数据，无法应用于数据分析或人工智能模型构建。解决数据混乱问题的方式是进行数据治理，探索各个行业的数据治理方案也是目前的重点研究方向。

在产业互联网的发展中，行业性具有重要地位。大数据或人工智能等技术能否真正应用于行业场景中，并非只取决于上述两个因素，还与资本、管理模式、市场、需求沟通等诸多因素有关。

2.1.2　如何才能懂行业

想进入一个行业首先要充分了解这个行业，并且要充分了解自己。了解自己主要从自身的所学专业、兴趣程度、个人性格等方面综合考量。在当今社会，人们所从事的行业与自身专业不匹配的状况时有发生，只有充分认识自我并且充分认识行业，才能做出成熟的决定。本节主要介绍快速认识行业的切入路径，如图 2-3 所示。

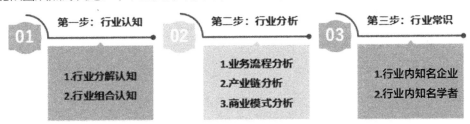

图 2-3　快速认识行业的切入路径

快速认识行业的切入路径主要分为以下三个步骤。

第一步：行业认知，包括行业分解认知、行业组合认知。

第二步：行业分析，包括业务流程分析、产业链分析、商业模式分析。

第三步：行业常识，包括行业内知名企业、行业内知名学者。

快速认识行业的切入路径只是一个初步了解行业的路径。由于大家的教育背景不同、专业不同，并且各个行业的壁垒有高有底，所以不能指望通过某个方法就能立刻深入认识某个行业，想真正深入认识某个行业还需要系统地学习行业知识，并真正在行业中沉淀一段时间。

1．行业认知

行业认知是切入行业的第一步，行业认知过程可分为两个步骤：行业分解认知与行业组合认知。

行业分解认知与行业组合认知的过程如图 2-4 所示。

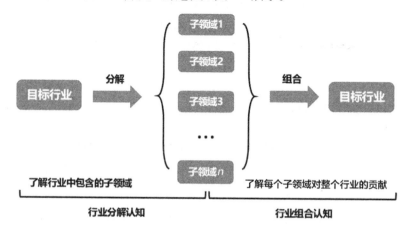

图 2-4　行业分解认知与行业组合认知的过程

1）行业分解认知

研究某个行业不能囫囵吞枣，首先要对行业进行分解。行业分解认知是指将行业细分成一个个子领域，再对这些子领域一一进行分析的过程。一个未细分的行业是无法进行研究的。以大家熟悉的互联网产品经理行业为例，现在互联网产品经理行业也产生了很多子领域，包括数据产品经理、后台产品经理、人工智能产品经理等。尽管这些产品经理在职能方面可能有所交叉，但是分解得越细代表人们对产品经理这个行业了解得越深入。在产业界，行业的分解更为复杂。以药物研发行业为例，药物研发分为药物设计、药物合成、药物分析等诸多子领域。单从药物分析子领域来讲，还可以分为药物分析与药物制备两个方向。我们要了解一个行业，首先要做好行业分解工作，尽可能将所有子领域都分解到位，只有做好行业分解工作才能更好地切入行业。

2）行业组合认知

在进行了行业分解认知之后，我们已经对行业有了初步的了解，之后需要通过行业组合认知对行业进行综合分析。行业组合认知是指将之前行业分解得到的子领域组合到整个行业的框架下，思考每个子领域对整个行业的贡献，并研究各个子领域在产业中的关系与地位。同样以药物研发行业为例，在行业分解认知阶段，已经将药物研发行业分解为药物设计、药物合成、药物分析等诸多子领域，在整个药物研发流程中各个子领域有明确的分工与协同关系。其中，药物设计主要是确定药物有效成分的分子结构，药物合成是研究如何合成由药物设计过程确定下来的分子结构，药物分析是确保药物合成结果的正确性。由此可见，每个子领域环环相扣，它们共同构成了从药物研发起点到药物上市的整个药物研发过程。不止药物研发行业，每个行业都是如此。因此，只有分析好每个子领域对整个行业的贡献，才能更加透彻地审视全局。如图 2-5 所示，针对每个子领域，给出其所对应的药物研发行业的发展阶段，可以清晰地看出每个子领域在行业中所处的位置。如果想要了解某个行业，就应该绘制出这样的关系图。

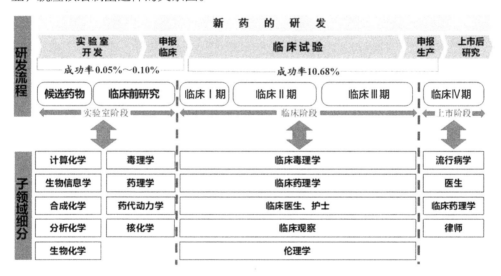

图 2-5　药物研发不同阶段及其子领域

2．行业分析

行业分析是切入行业的第二步，行业分析过程可分为三个步骤：业务流程分析、产业链分析、商业模式分析。这三个步骤从业务流程开始分析，最终上升到商业模式分析。经过行业分析过程，我们可以更加深入地了解行业，也能从资本的角度去思考行业未来的发展方向。

1）业务流程分析

每个行业都有自己独特的业务流程，对业务流程的分析需要精准到每个子领域。在分析时，我们最好画出每个子领域的业务流程图。与此同时，需要了解这个行业中的专业术语及业务。在某个行业的业务流程中，如果出现其他行业，我们需要一一记录，这代表本行业与其他行业具有交叉关系。

以药物分析子领域为例，首先解决专业术语的问题。在药物分析领域可能会出现如下的专业术语。

手性：用于描述分子镜像对称。

色谱柱：一种基于分配平衡原理的分配设备，反复利用混合物中各组分分配平衡性质的差异，以达到使混合物分离的目的。

HPLC：高效液相色谱仪。

……

非该行业的人往往对这些专业术语感到非常陌生，也很难在短时间内了解其真正意义。所以我们需要考虑自己所学专业等因素对切入目标行业造成的难度，至少应该对自己切入目标行业的深度有所预期。在了解相关专业术语之后，可以开始绘制药物分析子领域的业务流程图，如图 2-6 所示。在绘制业务流程图时有一点需要特别注意，需要将该子领域的输入与输出绘制在业务流程图中。输入可以理解为该子领域的上游，即业务来源方；输出可以理解为该子领域的下游，即该子领域的产出物接收方。业务流程图中体现了完整的供需关系，绘制业务流程图对理解行业非常有帮助。

从图 2-6 中可以看出，药物合成与药理分析领域，分别是药物分析领域的上游与下游。药物分析子领域分为摸索分离条件、确定杂质、摸索制备工艺、制备 4 个业务步骤。药物分析承接了药物合成领域的产物，经过 4 个步骤后，将产出物交付给药理分析领域的工作人员进行研究。按照这个方式完成全部子领域的工作流程图后，就会对各个子领域有一个非常清晰的认识。

2）产业链分析

产业链分为两种：一种是行业内子领域之间的上下游关系；另一种是不同行业间

的业务关系。这两种产业链形式都需要我们认真分析。从产业链分析中我们可以纵观整个行业的走势，进一步来讲，我们可以洞悉行业内部与行业间的资金流动情况。依然以药物研发行业为例，首先针对行业内部子领域绘制产业链关系图，如图 2-7 所示。

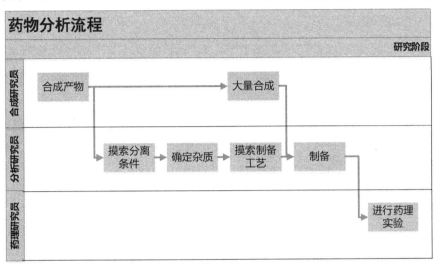

图 2-6　药物分析子领域的业务流程图

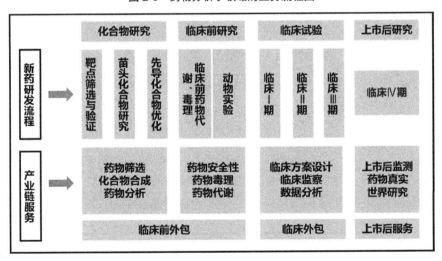

图 2-7　药物研发行业内部子领域产业链关系图

从图 2-7 中可以看出，新药研发流程大体分为化合物研究、临床前研究、临床试验、上市后研究四大部分；产业链服务大体分为临床前外包、临床外包、上市后服务三大部分。每个部分在产业链中都是相互关联的，如临床前外包的服务商需要将产出物直接或间接交付给临床外包的服务商。药物从设计到上市涉及多个行业，这些行业间形成了一张巨大的产业链网络。如果能将产业链的上下游关系绘制出来，就可以从根本上把握一个行业在整个产业中的地位，也为下一步的商业模式分析奠定了基础。

3）商业模式分析

商业模式是企业生存的根本，基于产业链来分析商业模式可以使我们清晰地了解资本在整个产业链中如何流动。药物研发产业链中药品与资金的流向如图 2-8 所示。

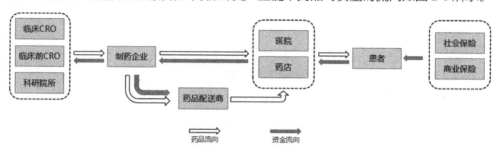

图 2-8　药物研发产业链中药品与资金的流向

药物研发产业的起点是制药企业，临床 CRO、临床前 CRO 及科研院所起到辅助制药企业进行研发的作用。制药企业生产出的药品直接供给医院或药店，或者通过药品配送商实施供给，这个供给过程遵循我国药物流通"两票制"的规定。患者通过医院或药店得到药品，一部分自付，另一部分由保险公司承担。

通过对商业模式进行分析，我们可以明确产业链中各类企业在产品与资金流动中的地位，以便对全行业具有更加深刻的认知。

3. 行业常识

每个行业有自己的圈子，产品经理应该对行业内的知名企业、知名学者等有所了解。了解行业常识不但能使自己在行业内进行交流时得心应手，而且能比较出自己产品的不足，明确努力的方向。

1）行业内知名企业

业内知名企业代表了该行业内产业化的较高水平。对知名企业进行深入分析，也能提高自己对行业的了解程度。一般来讲，主要了解行业内知名企业的以下几个方面。

（1）产品种类。

（2）研发方向。

（3）盈利模式。

（4）法人背景。

（5）投资情况。

2）行业内知名学者

行业内知名学者一般都是行业内知名企业中的科研人员，也有一部分是研究院所的专家，多读一读他们的论文也会对这个行业有较深入的了解。如果有机会能够与专家面对面交流，那将是一种最高效的沟通方式。当前很多知识付费平台提供各行各业的专家资源，可以考虑预约行业内知名学者快速了解行业动态。

如果能够认真完成上面几个方面的要求，就称得上已经初步了解这个行业了。一定要根据自身的情况来选择想切入的行业，切勿钻牛角尖，用自己的短处去解决问题。当你完整地了解了这个行业之后，就会对产品有一些想法，并且会提出很多行业问题。在这之后，你就可以开展访问工作。笔者的观点非常明确，不要仅想着通过调研来了解行业，也不要希望仅用调研来找到用户痛点与需求。产品经理需要先充分了解行业，挖掘出用户痛点，再通过不断调研来修正自己的认知从而改进产品构思。

2.2　产业互联网的行业属性

随着 5G 的商用，数字化和信息化技术将与各个行业融合得更加完善，也意味着更多之前无法实现的功能将得以实现。发展产业互联网的关键在于行业，从产品需求到产品逻辑都对行业认知提出了更高的要求。

2.2.1　产品需求的行业属性

产品与服务的作用是满足人们的需求，传统互联网服务或 IT 服务满足的需求大多属于普适性需求。消费互联网满足的是人们的消费需求，包括衣、食、住、行及人的本性需求等；产业互联网满足的是具有行业属性的特异化需求。

云服务是产业互联网发展的基础与先行者，为适应行业发展的需要，我国著名商用 IT 解决方案提供商浪潮集团有限公司提出了"行业云"的概念。行业云相对于传统云更具有行业属性,能够提供更专业化的服务。随着产业互联网的发展,需求的行业属性将会越来越明显,企业提供的服务也将从满足公共 IT 需求转向满足行业化的 IT 需求转变。以云服务为例,当前满足行业需求的服务主要有以下几类。

1. 政务云

政务云是一种面向政府的综合性服务平台。政务云除可以满足政务类需求之外,还可以有效促进政府各部门业务协同与数据共享,同时有利于政府数据的开发与利用。政务云的建设可以杜绝平台重复建设,节省财政支出;促进信息共享,实现业务协同;保障政府数据安全;优化资源配置,提高服务效率。政务云是当前较成熟的云服务产品,已经得到了广泛应用。

2. 医疗云

医疗云是为满足当前医疗需求、提高医疗业务效率、整合医疗数据而开发的综合性平台。医护人员可以更直接、快捷地了解患者信息,还可以借助人工智能产品提高诊疗效率。患者可以及时共享自己电子病历信息,有利于家庭医生提供更好的服务。医疗云在临床科研中也发挥了巨大的作用。通过医疗云可以以数据协同的方式开展多中心研究,可以有效协同各个参与单位在创新药物、创新疗法方面的研发工作。

3. 营销云

营销云是指可以满足营销实施与营销拓展需求的业务平台。在当前的营销需求中,营销云可以根据历史业务数据自动匹配潜在的客户,并能够集成不同营销人员的工作数据,对其营销业绩进行纵向管控。营销云还提供了数据分析功能,企业可以将数据分析结果作为制定后续发展战略的依据。

4. 农业云

农业云是指以满足各类农业需求为基础,通过云计算、大数据等技术搭建的农业综合性平台。农业云提供了有关数字灌溉、数字养殖、农产品电商等的一系列服务。例如,中国电信开发的"小牧童"就是一类通过给动物配置可穿戴设备,利用平台进行电子监控的智能放牧系统。农业云还提供了农业知识教育服务,农民朋友可以通过农业云享受到多途径、广覆盖、低成本、个性化的农业知识普惠服务。

由此可见，不同种类的行业云代表不同的行业需求，需求永远围绕业务展开，产品服务于行业需求，这样才能构成一个相对完整的产品生态。在未来产业互联网的发展中，会有更多的互联网企业深耕于行业，提供更加专业化的产品或服务。

2.2.2　产品逻辑的行业属性

产品逻辑是产品构建的灵魂，其包括很多方面，如产品定位、产品展现形式、产品设计逻辑等。行业属性是产业互联网的核心，产品逻辑同样围绕着产品的行业属性展开。产品定位体现了一个产品的顶层设计思路，在产业互联网中，产品的顶层设计需要围绕行业属性进行。产业互联网中的产品展现形式是大家都很关注的问题，所有公司都希望能够将产品平台化，使已经开发出来的功能得到最大限度的复用，但绝大多数公司只能被甲方的需求牵制，所做的产品变为定制化产品。解决此类问题有些困难，只有充分了解业务和行业才能获得主动权，公司才能向产品平台化的方向发展。

在产业互联网的发展中，企业只有牢牢把握住行业属性才能立不败之地。

1．产品定位

在产业互联网时代，产品的核心作用在于帮助传统企业提高效率、提高对外服务能力。在产品研发初期，需要根据传统企业所在行业的特征进行产品定位。进行产品定位时需要考虑产业链、行业经济因素、社会群体认知度、用户基数等多个方面。产品定位可以通过以下 4 个步骤进行，但都需要以行业属性为基础，如图 2-9 所示。

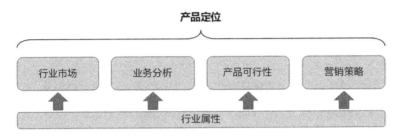

图 2-9　产品定位的 4 个步骤

1）行业市场

做产品时首先明白产品究竟是为谁服务的。经过多年的发展，互联网逐步由消费互联网时代过渡到产业互联网时代，产品市场定位逐步由弱差异化需求定位过渡到强差异化需求定位，如图 2-10 所示。在产业互联网时代，产品研发初期首先需要对行业市场进行定位，在完成评估后再确定产品的功能形态。

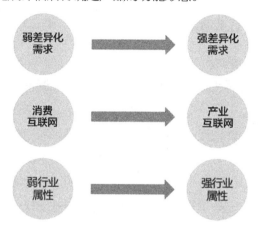

图 2-10　产品市场定位的转化

2）业务分析

进行业务分析是为了确定行业需求，这个过程是对行业市场的进一步细化。做产品前需要确定产品是服务于业务的全流程，还是仅服务于某个业务环节，还需要确定这部分业务对用户的价值。我们进行业务分析时，必须对行业有较深入的理解，只有这样才能确定业务价值的大小。同时强调，一个不懂行业的人，难以通过简单的需求调研来了解整个行业的业务流程，自然无法进行准确的业务分析。企业如果想发展某项业务，进行业务分析的最佳方式就是聘用该行业的资深专家作为顾问。业务分析的产出物是业务流程图，在业务流程图中需要标明各个环节的注意事项或重要信息。医院内住院患者信息的业务流程图如图 2-11 所示。

3）产品可行性

基于行业市场定位与业务分析结果，可以对产品做出初步判断。除此之外，还需要对产品是否能被用户接受、产品模式是否具有可复制性进行进一步的分析。同类产品的发展情况同样是分析产品可行性的重要因素。在一个极大的红海市场中，企业如果没有产品功能、技术、营销等方面的优势，就很难撬动市场。

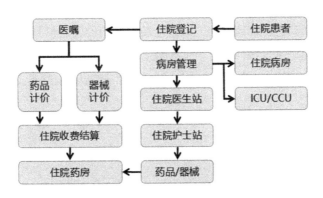

图 2-11　医院内住院患者信息的业务流程图

首先，产品的研发要基于用户的痛点与需求，要从业务的角度分析用户是否可以接受这样的产品概念。很多产品的成功并不是因为产品研发用到了许多先进的技术，或者产品拥有很强大的功能，而是因为对一个能够面向行业痛点的新概念进行了传播。例如，近两年在医疗系统中流行的临床科研平台，该平台主打临床科研的概念，能将医院内各个系统的数据进行关联，并且作为一个科研管理平台可以协调各个科室协同进行科研。临床科研平台的概念很好地对应了当前医生科研难的行业问题，该产品在各类医院均得到认可。

其次，在产品研发初期，我们需要预判产品模式是否具有可复制性，如果可复制性低则需要考虑其他产品模式。产品模式指的并不是产品的开发方式或产品的表现形式，而是指产品整体是否能够在业务方面行得通，是否能够获得稳定的收益，是否能够按照这个模式复制给不同的用户。例如，餐饮行业的"营销+会员+点餐+支付+外卖"智能餐饮一体化平台就是一类可以获得稳定收益并具有良好复制性的产品。相比之下，对于面向政府的智能政务系统，由于各地政务流程差距较大，产品模式复制难度同样非常大，所以从事该类产品开发的大多是具有良好风险抵御能力的大型软件企业，以项目制的方式进行产品开发。

产品可行性是企业构建产品初期对产品定位的综合考虑。从用户到产品特征再到市场，需要一个综合性的考量。产品可行性分析为今后产品的发展奠定了基础。

4）营销策略

针对行业类产品需要设计营销方案，这同样是产品研发初期必须做的工作。营销策略的制定同样需要融入行业属性。产品通过什么渠道卖，付费方与使用方是否相同，定价是否合理等，这些问题都是制定营销策略时需要重点考虑的。笔者曾经参与开发过一款给医药化工行业工作者使用的数据检索系统，该类产品行业划分明确，可以通过相关行业的媒体渠道投放广告。产品按照化学合成路线检索进行收费，这种收费方式深度融合了医药化工行业的行业属性，用户自然非常认可。因此，仅有产品是远远不够，企业必须基于行业属性进行营销策略的制定。

就营销而言，消费互联网领域与产业互联网领域付费的决策逻辑具有很大差别。在消费互联网领域，买单方就是用户，即产品的使用者；在产业互联网领域，付费的决策者不一定是产品的使用者，或者说大多数不是产品的使用者。例如，医院中实验室信息系统（Laboratory Information System，LIS）的使用者是检验科医生，而具有购买决定权的是院长。所以，在制定营销策略时需要有所侧重，既能让使用者对产品认可，又能够让决策者满意。

2．平台化与定制化

产业互联网更多地面向 B 端市场，B 端市场的产品主要分为两个发展方向：平台化产品与定制化产品。平台化产品是指功能基本确定，可以满足一类用户的共性化需求的产品，平台化产品可以通过销售方式直接出售给用户，并有标准的售后服务，具有一次开发、多次利用的产品效果。定制化产品是指完全根据用户的需求构建产品。对于定制化产品开发而言，虽然在技术上存在一定的继承，但是产品完全不存在延续性，售后服务也根据用户的需求提供。对于定制化产品而言，公司需要根据不同的用户多次投入研发力量，但产品能够满足相应用户的所有需求。

产品的平台化与定制化的矛盾始终是产业互联网领域讨论的热点话题。出于中国的社会经济等原因，甲方市场的格局不会在短时间内改变，能否将产品平台化在于能否将产品功能模块化，能否将产品功能模块化在很大程度上取决于乙方对行业的理解程度。

模块化是指将产品功能以模块的形式进行封装，保证类似功能具有最大的复用性。在产品构建的过程中，产品经理只有对行业及业务流程具有深刻认知，才能将产品功能模块化。从某一方面讲，乙方公司应该以行业专家的角色为甲方提供服务，而不是一味地被甲方牵制。这的确非常困难，但却是所有乙方公司的发展方向。产品功能模块化分为以下 5 个步骤，如图 2-12 所示。

图 2-12　产品功能模块化路径

1）业务梳理

首先根据行业的业务特点将产品功能梳理清晰，业务梳理是产品开发前期必须做的工作。业务梳理要尽可能细致，尽量按业务的先后顺序进行梳理。

2）功能归纳

功能归纳是指将业务流程与产品功能进行对应，并且对相应的产品功能进行分组。基于业务梳理的结果将业务流程与产品功能进行对应，然后将相同的业务对应的产品功能合并成一个模块进行封装，以达到后期可以复用的目的。业务的选取、合并遵循"取小"原则，即需要将一个业务流程尽可能地分解，将最小的业务对应的产品功能进行封装。众所周知，这是一个非常困难的过程，在业务上不容易界定哪些功能需要合并，在技术上也涉及开发环境等诸多问题。所以这个过程需要业务人员与技术人员合作，从业务的角度去确定技术的实现要求。

3）产品环境分析

在进行 B 端产品开发时，往往会遇到需要基于用户之前的系统架构进行开发的情况。产品环境分析指的是对全国该行业产品的架构与实施情况进行综合分析，产品环境分析与功能归纳两个过程相辅相成、相互完善。产品环境分为两个方面：产品行业环境与产品技术环境。

产品行业环境是指产品在行业中起到的作用，以及该产品在行业中涉及的上下游关系等。例如，医院内部的临床科研平台，需要与医院内业务系统相通，同时需要连接药物研发企业，以便进行项目协调，也需要集成数据分析工具等。由于各个地区用户的关系不同，所以产品的行业环境具有较大差异。

产品技术环境是指与其他系统集成时的开发环境、开发语言等技术问题。我们需要将所有产品可能出现的技术问题一一列出，整体进行解决方案设计。

4）横向技术架构

横向技术架构是指产品模块与其他外部系统连接或集成的技术问题。有很多 B 端业务产品是基于用户的平台进行开发的，所以必须要对产品环境进行充分的分析，制订出应对不同情况的产品方案。

5）纵向技术架构

纵向技术架构是指每个产品功能模块之间连接或集成的技术问题。每个产品功能模块应该可以互相连接，这样才能构成一整套业务系统。

产品功能模块化将产品构建过程变为"搭积木"的过程，而不是"造积木"的过程，但是"造积木"是产品功能模块化的必经之路，它们都基于产品经理对行业的深度了解与分析。每个"积木"就是每个产品功能模块，只有将产品功能模块化才能够保证产品功能可以较大程度的复用。将产品功能模块化必须符合行业属性，此外业务流程、技术、商务环境等多方面的因素也会影响产品功能模块化的进程。产品功能模块化有利于业务数据标准化，在进行数据分析、构建大数据和人工智能产品中起到非常重要的作用。

总而言之，产品逻辑具有非常强的行业属性，必须在深刻理解行业的前提下进行产品构建。未来跨界人才将更加具有竞争力，团队协作显得尤为重要。只有在突出专业性的同时强调知识协作，才能构建出优秀的产品。

2.3 行业与人工智能技术

产业互联网的到来给传统行业的发展带来了新的气息，互联网产品的构建逻辑从需求侧过渡到供给侧，服务对象从个人转变为企业，目标定位从满足个人消费转变为提高行业效率、优化行业配置，商业模式从流量经济转变为价值经济。基于这样的转变，未来互联网的发展重点在于构建产业价值网络，这就给各行各业带来了新的发展空间。

人工智能从本质上来看是一类技术，技术需要有合适场景才能发挥价值。未来的产业互联网需要大力发展行业应用，人工智能技术需要与行业场景紧密相连才能体现出巨大的价值，才能构建出产业价值网络。

人工智能技术与行业结合的好处主要表现在行业效率提高与产业创新两个方面。

人工智能技术有利于行业效率提高。当前的人工智能产品从本质上来看是一类效率提高工具。通过人工智能技术，可以将人工需要 1 周才能完成的工作压缩到 1 小时甚至更短的时间完成。人脸识别技术提高了员工签到、机场安检的效率；自然语言处理技术可以用于实时分析全国新闻舆情，提高了人工分析舆情的效率；图像的目标检测技术可以帮助医生提高阅读患者 CT 影像的效率。人工智能技术通过提高行业效率有效节省了人力、时间成本，从而推动整个行业发展。

人工智能技术有利于产业创新。由 AlphaGo 战胜了柯洁可见，人工智能在某些条件下已经超越了人类智慧。人工智能产品不仅能够提高工作效率，也具有一定的创新能力。利用人工智能技术来进行产业创新是一个非常前沿的领域。笔者了解到，一些研究机构通过人工智能技术创造出新的药物用于治疗癌症。将人工智能技术与行业场景相结合，能够创造巨大价值，这也符合未来依靠互联网构造产业价值网络的思路。

2.3.1　人工智能与行业效率提高

如何利用人工智能技术提高行业效率？首先要让机器获得行业属性。利用人工智能技术构造出的是一种模式，这种模式需要根据行业属性进行调整，才能适应本行业的应用场景。

不同行业具有不同特征，如用自然语言处理技术分析医疗行业数据，就必须标识"非小细胞肺癌""黑色素瘤"等医学术语，这些就是医疗行业特有名词，这类行业特有名词或者标记被称为行业符号。一个行业的特点除行业符号之外，还有行业逻辑。依然以医疗行业为例，每种疾病的诊断都有证据与结论的一套推断逻辑，如某患者空腹时血糖浓度大于 7.0mmol/L 并且餐后 2h 血糖浓度大于 11.1mmol/L，则可以诊断该患者患有糖尿病。每个行业都有自己的行业符号与行业逻辑，它们共同构成了行业属性。

行业属性有两种获取途径，一种是行业经验，另一是数据探索。行业经验是指人们在长期行业实践中获取到的经验，这种经验能够最直接、最有效地体现行业属性。数据探索是指通过数据挖掘技术获取行业经验，采用这种方法能够通过数据之间的关系得到新的知识。在医学领域，很多疾病之间的联系就是通过数据探索发现的。由于数据探索仅通过数据间的关系来发现知识，所以难免存在效率低下或结果无实际意义的情况，即使如此，数据探索依然是发现新知识的重要手段。

1. 行业经验

通过行业经验获取行业属性是最直接的手段，在人工智能产品的构建过程中，数据标注过程就是行业经验的体现。行业的壁垒越高，标注数据的价值就越大。例如，医学数据的标注需要大量专业知识，标注好的数据价值就非常大。

通过标注好的数据进行模型训练的过程称为监督学习。监督学习是一种相对高效的模型训练方式，也可以理解为对行业属性的直接利用。

2. 数据探索

通过数据探索获取行业属性的重点在于通过数据之间的关系探索行业属性。在快消品行业，通过分析啤酒和尿布两种商品销量的相关性得出啤酒和尿布放在一起能够提高两者的销量的结论。在医疗行业，通过数据探索得知心肌梗死的发病率与气温和湿度有关。这些都是通过对数据进行探索得到的行业属性，同时进行数据探索也可以丰富行业经验。

数据探索的对象是未标注的原始数据，通过这样的数据进行模型训练的过程称为无监督学习。无监督学习的本质是通过数学方法对数据进行分类或预测，针对结果来寻求合理的解释。但仅通过数学方法来处理数据，在很多情况下无法得到具有行业特征的结果，所以使用无监督学习方法来进行模型训练效率较低，且不一定具有实际意义。

2.3.2 人工智能与产业创新

人工智能技术可以提高行业效率，行业效率提高到极致就是一种产业创新。人工智能技术使得人类智慧在短时间内集中体现，通过人工智能技术分析得出的结论，或许是行业专家花费 1 年甚至 10 年都不一定能够得到的最优结果。

当前，人工智能技术在产业创新方面的发展还处于初级阶段，但已经有不少行业在进行尝试。Merck 制药是全球著名的新药研发企业，该企业正在尝试通过人工智能技术发现新的小分子药物；上海大学的 Mark Waller 教授团队通过人工智能技术对分子进行逆合成分析，该项技术已经给很多行业专家难以预测的大分子提供了逆合成路径。未来，各个行业的产业创新都离不开人工智能技术的辅助。

参考文献

[1] Kurt A. Rosentrater. Expanding the Role of Systems Modeling: Considering Byproduct Generation from Biofuel Production[J]. Ecology and Society, 2006, 11(1).

[2] Anelí Bongers. Learning and forgetting in the jet fighter aircraft industry[J]. PLoS ONE, 2017, 12(9).

[3] M.V. Achim, S.N. Borlea. Elaborating a global diagnosis of a company in metallurgy industry[J]. Metalurgija, 2014, 53(2).

[4] Zoe Deuscher, Jean-Marie Bonny, François Boué, et al.. Selected case studies presenting advanced methodologies to study food and chemical industry materials: From the structural characterization of raw materials to the multisensory integration of food[J]. Innovative Food Science and Emerging Technologies, 2018, 46.

[5] 唐怀坤. 国内外人工智能的主要政策导向和发展动态[J]. 中国无线电，2018(05)

[6] 袁娜，韩小威. 浅析人工智能时代的公共政策选择[J]. 戏剧之家，2018(07).

[7] 贾开，蒋余浩. 人工智能时代的公共政策选择[J]. 领导科学，2017(30).

[8] 李白薇. 政策助力人工智能[J]. 中国科技奖励，2017(04).

第 3 章

人工智能产品的构建

↘ 3.1 逻辑梳理

↘ 3.2 需求转化

↘ 3.3 数据准备

↘ 3.4 模型建立

↘ 3.5 模型评估

↘ 3.6 沟通——构建人工智能产品的软技能

　　产品经理在构建互联网产品时，会重点关注用户体验、业务流程等方面，以满足用户需求为中心，通过满足用户需求提高客单价或提升产品流量，从而实现商业变现的目的。互联网产品的作用可以概括为提高信息传递的效率，从而满足大众消费需求或提高行业效率。人工智能产品的本质是人工智能技术与产品的结合。产品经理构建人工智能产品的重点在于选择恰当的数据、构建符合业务场景的模型，以满足业务需求。所以人工智能产品的作用可以概括为提高了信息产生的效率，从而体现了产品价值。

　　人工智能产品与互联网产品有着不同的构建方式。人工智能产品的构建注重从数据中发现某种模式或关系，将这种模式或关系固定下来就形成了模型。由于人工智能产品的构建需要从数据中提取信息，所以人工智能产品的构建流程与数据挖掘流程密不可分。

　　数据挖掘领域有相对成熟的数据挖掘模型，即跨领域数据挖掘标准流程（Cross-Industry Standard Process for Data Mining，CRISP-DM）模型。CRISP-DM 模型是一种数据库知识发现（Knowledge Discovery in Database，KDD）过程模型，数据库知识发现的本质是从数据中提取知识，其核心内容就是数据挖掘。CRISP-DM 模型有 6 个步骤，人工智能产品的构建过程也基本遵循 CRISP-DM 模型的 6 个步骤，但需要将前 2 个步骤变更为逻辑梳理与需求转化，人工智能产品的构建过程如图 3-1 所示。

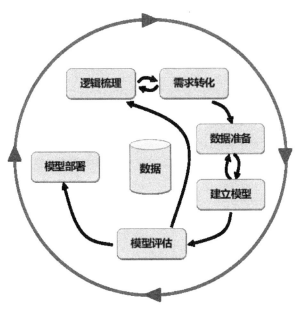

图 3-1　人工智能产品的构建过程

1．逻辑梳理（Logical Carding）

在构建人工智能产品之前，需要对业务逻辑与产品逻辑有清晰的认知。业务逻辑包含业务流程、业务规则等内容，只有业务逻辑清晰，产品逻辑才会清晰。产品逻辑包含人工智能产品设计原则与方法。可以通过业务梳理、业务分类、过程分析、资源评估、资源收集、设计研发方案 6 个步骤对人工智能产品进行设计方面的思考。

2．需求转化（Demand Transformation）

产品永远为满足需求而存在，人工智能产品的核心是模型，数据是建立模型的要素。将需求转化为产品，需要先将需求与数据进行联系，然后通过数据建立模型。同时需要持续进行数据挖掘工作，探索数据中能够满足当前需求的隐含知识。

3．数据准备（Data Preparation）

数据准备是建立模型的重要准备工作，一般可分为 3 个方面：数据获取、数据治理、数据标注。数据获取可以通过整理自己早期的数据或购买数据等方式获得；数据治理是为了使数据从产生到应用拥有规范的流程与格式，是一套规范化的数据管理机制；数据标注是使原始数据获得人类智能的过程。人工智能从本质上来看是通过对标注数据进行学习模仿人类智能处理相关事务。

4．模型建立（Modeling）

模型建立，即建模的过程是将人类经验表示为可用数学符号描述的策略或运算模式的过程。建模的过程本质上是对人类经验进行转化的过程。建模可分为知识建模、非知识建模和混合建模 3 种。知识建模是指将人类知识直接转化为数学模型，也可看作知识的数学符号化。非知识建模是指直接通过数据进行模型训练，跳过复杂的知识提取过程而直接得到模型。非知识建模是当前大数据时代的主流建模方式，可以通过数据中蕴含的人类经验快速得到相应的模型。混合建模是结合了知识建模和非知识建模的建模方式。

在建模过程中，会存在数据维度过多、数据特征不显著的情况。可以利用特征工程的相关技术手段对数据进行处理，这样更有利于得到高效、可靠的模型。

5．模型评估（Evaluation）

在建模完成之后，需要对模型进行评估。模型评估的主要工作是评估模型的泛化能力、准确性、稳定性等内容。模型评估分为两个过程：第一个过程是模型业务评估，该过程的主要目的是检查有没有重要的业务要素被遗漏，模型逻辑与业务逻辑有没有明显冲突。模型业务评估是一个走查的过程，没有可供进行量化评估的指标。第二个过程是模型量化评估，该过程是通过各种指标对模型进行评估。

6．模型部署（Deployment）

在以上工作完成后，需要进行模型部署，通常来讲该过程主要由运维人员与算法工程师来完成。进行模型部署时要重点关注线程与算力等问题，需要将算力与存储资源能力提升到最优状态。

3.1　逻辑梳理

3.1.1　人工智能产品逻辑体系

现在人工智能已成为众多领域关注的焦点，无论是投资界还是产业界都对其青睐有加。近年来人工智能领域的创业公司层出不穷，但是成功将人工智能技术变现的确寥寥无几。在笔者看来，人工智能技术没有发挥效果的主要原因是产品逻辑的方向存在问题，次要原因是传统行业的跨界认知存在问题。

首先我们来讨论产品逻辑的方向问题。人工智能说到底是一项技术，而不是一个产品。只有能真正解决人们痛点的产品，才能带来真正的商业价值。人工智能产品的发展有以下两个阶段。

1．效率工具

人工智能技术的本质是通过对人类智能的模仿，提高信息的产生效率。效率工具是当前人工智能产品的主要形态。信息产生的本源是人类智能，信号的定义、波段的定义最初也来源于人类智能。医生看到患者的检查数据后，能够判定患者所患疾病；人们看到新闻后，能够用简单的语言概括新闻稿的全部内容。这些信息都是通过人类智能产生的，但信息产生的效率有高有低。人工智能产品就是通过模仿人类智能，提高信息产生效率的产品。所以，我们称人工智能产品为一类以提高信息产生效率为主的产品。

2．创新系统

随着监督学习、半监督学习、无监督学习、强化学习等机器学习算法的相继发展，人工智能不断向前发展。现在的人工智能理念要求去数据集约束，让算法能够自己产生数据并自己向前推演，这就是创新系统。笔者认为强化学习更接近人的学习，深度学习与强化学习的结合是未来人工智能发展的重要方向。效率工具与创新系统是人工智能产品发展的不同阶段，也是弱人工智能向强人工智能发展的必经之路，人工智能产品的发展如图 3-2 所示。

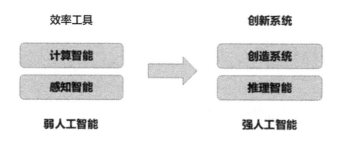

图 3-2　人工智能产品的发展

当前人工智能产品的商业逻辑其实很简单，主要有两个要点：第一个要点是传统模式具有稳定的收入来源；第二个要点是人工智能产品能够帮助传统模式省钱。只有满足这两个要点，人工智能产品才能真正落地。

3.1.2　人工智能产品设计原则与方法

产品是指能够供给市场，被人们消费和使用，并且能满足人们某种需求的东西。在这个定义中有几个要点：市场、消费、满足需求。以上的定义很清晰地描绘出了产品的本质，即满足需求的东西。但同时，产品设计是一个流动的过程，特别是互联网产品，需要基于用户、基于市场、基于竞品等不停地进行调整、迭代，促使这些发生的是产品的另一个本质——商业性。在一个互联网产品从诞生到下线的整个周期中，对其进行调整、迭代的原动力只有一个，即商业思考。产品经理制定任何一个策略，都要基于商业思考，只有符合商业布局逻辑的调整才可能是正确的调整。无论是进行新产品研发还是对老产品进行迭代，都要认清产品的本质，并且要多基于产品本质进行思考。

人工智能产品从本质上讲还是一个 IT 产品，只要是产品，其设计就必须围绕着用户痛点与需求展开。关于人工智能产品设计的思考可分为以下两部分。

- 用户痛点与需求分析。
- 产品功能的人工智能改造。

人工智能产品的用户痛点与需求分析方法与互联网产品的用户痛点与需求分析方法类似，所有产品的设计初衷都是解决用户痛点、满足用户需求。第一性原理揭示了寻找根源痛点的思考方式，卡诺（Kano）模型主要用来进行用户需求分析与规划。产品功能的人工智能改造主要讨论如何在已有产品开发流程中加入人工智能技术，从而提高产品开发效率或提高产品性能。

1．第一性原理

第一性原理是由古希腊哲学家亚里士多德提出的：系统中存在一个最基本的命题，它不能被违背或删除。他所说的"最基本的命题"是指一个体系空间中的本源，是这个体系空间中不可变更的事物。我们做产品时需要解决问题，主要就是针对这个本源来解决。下面就第一性原理的思维方式进行举例说明。

玩游戏需要手柄的根本目的是什么？是向计算机输入控制指令，所以根本问题是人脑与计算机的沟通问题。解决这个问题最需要的是"脑机融合"的发展。这是马斯克的一个新项目，产品的本质性思考路径如图 3-3 所示。由图 3-3 可知，我们首先要定义问题，然后通过不同方面的探究来寻找问题背后事物的根本原理，再对得出的根本原理进行分析，寻求解决问题的不同办法，最终对所得到的办法进行组合优化，得出一套最优的解决方案。

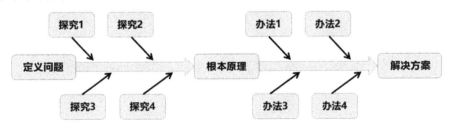

图 3-3　产品的本质性思考路径

第一性原理也有其自身的特点。任何深刻的洞察都不可能一蹴而就，这也是为什么本书中提到痛点的挖掘是一个既简单又困难的过程。当前互联网产品有着深刻的行业属性，其中很多行业具有很高的专业度，如果不是该行业的从业者就很难发现用户的痛点，如医疗行业。当前的互联网产品逐渐向专业化方向发展，通用的、容易理解的需求会越来越少，所以对产品经理的要求也在逐步提高。由此可见，第一性原理具有的一个特点就是体系空间中的本源只有随着人们长期的观察与阅历增长才能被挖掘，这也符合挖掘用户痛点的基本规律。

2．卡诺模型

卡诺模型是一种用于进行用户需求分析与规划的非常流行的工具。该模型以分析需求满足度对用户满意度的影响为基础，表现了需求满足度（产品性能）和用户满意度之间的非线性关系。

产品经理在分析用户需求时，主要按照以下 5 个需求分组来进行分析。产品是一系列需求的组合，这些需求在不同时期会表现为不同的需求类型，在整个产品开发周期中运动存在。卡诺模型需求曲线如图 3-4 所示。利用卡诺模型对用户需求进行分析、排序，可以使产品经理在整个产品开发周期中对产品有一个清晰的认知。

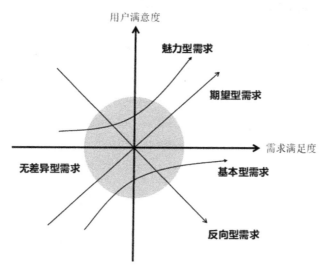

图 3-4 卡诺模型需求曲线

1）基本型需求

基本型需求是指用户对产品或服务的基本要求。当该需求得到满足时，用户不会因此感到惊喜；当该需求没有得到满足时，用户会因此感到相当不满意。即使基本型需求超越了用户预期，用户也不会对其有更多的好感。

例如，微波炉正常运转可以加热，没有人会因此而感到惊喜，但如果微波炉无法加热或者加热效率低，便会引起人们的不满。

2）期望型需求

期望型需求是指用户满意度与需求满足度成正比的需求。此类需求满足度越高，用户满意度就越高。当此类需求得不到满足时，用户满意度就会显著下降。期望型需求不是必须满足的需求，由于用户对需求并不一定明确，所以很多需求还需要产品经理加以明确。

例如，电风扇的风速调节系统如果设计得非常人性化，那么会获得较高的用户满意度；该系统如果设计得有问题，那么可能会招致用户的投诉。

3）魅力型需求

魅力型需求是指超出用户期望的需求。如果此类需求满足度较高，那么用户满意度会极高。即使此类需求满足度较低，用户满意度也不会因此明显降低。

以空调为例，体温感应、手势控制调节风速等功能，在当前的科技发展中处于领先地位。如果空调的此类功能并不十分完善，用户也不会因此表现出强烈的不满。

4）无差异型需求

无差异型需求是指对用户体验无影响的需求。

例如，航空公司为乘客提供的没有实用价值的赠品不会对乘客的体验产生影响。

5）反向型需求

反向型需求是指实现后会使用户产生不满或负面情绪的需求。

例如，有些咖啡机具有很多复杂的功能，而有些用户只喜欢功能简单的咖啡机，因此多余的功能会使用户对咖啡机有不同评价。

之前提到，需求类型是随时间变化而变化的。魅力型需求随着时间变化可能会转化为期望型需求或基本型需求。这很容易理解，如电视遥控器在 20 世纪 80 年代是绝对的"黑科技"，属于魅力型需求，而如今电视遥控器已变为一项基本型需求。

3．人工智能产品设计路径

人工智能产品的构建过程分为很多阶段，从顶层的商业思考到底层的模型研发都有着不同的思考方式。第一阶段是商业模式设计，在构建任何产品的早期都会对商业模式进行细致的考虑，商业模式设计涉及诸多方面，这里不进行详述。第二阶段是业务问题转化，即考虑如何利用人工智能技术去解决业务问题。第三阶段是产品实施，即根据第二阶段的设计思路对产品进行开发与测试。

人工智能产品设计思路主要体现在第二阶段。在产品设计过程中，首先需要明确哪些问题适合利用人工智能技术进行解决，最重要的任务是将业务问题转化为算法问题。第二阶段的工作主要分为业务梳理、业务分类、过程分析、资源评估、资源收集、设计研发方案 6 个步骤，如图 3-5 所示。商业模式设计与产品实施不是本节讨论的重点，本节重点关注人工智能产品设计的方法与步骤。

图 3-5　业务转化的 6 个步骤

（1）业务梳理：将业务依次排列，确定业务间的顺接关系。

（2）业务分类：通过对业务进行梳理，区分哪些业务流程属于信息产生环节，哪些业务流程属于信息传递环节。同时，按照卡诺模型中魅力型需求、期望型需求、基本型需求的顺序对业务流程进行分类。可以选择先构建能满足用户的魅力型需求的产品，通常此类人工智能产品有较大的市场空间。

（3）过程分析：从理论上来讲，针对信息产生环节的业务流程，可以构建人工智能产品。但需要将信息产生的过程分析清楚，即通过什么样的经验能够得出什么样的结论。利用第一性原理，分析该过程的本质。

（4）资源评估：根据过程分析的结论，评估是否有足够多的数据支持人工智能产品的开发。如果信息产生环节的业务流程逻辑简单，也可以考虑构建一套专家系统。

（5）资源收集：通过各种渠道获取数据。

（6）设计研发方案：根据以上结论设计人工智能产品的研发方案。

3.2　需求转化

人工智能产品可以提高信息产生的效率，互联网产品可以提高信息传递的效率。从需求方面来讲，所有需要人类智能参与的活动都存在提高效率的需求。但是由于数据等方面的限制，并非所有需求都能够得到满足。数据中或许存在某些知识能够满足业务需求，但这些知识只有通过数据挖掘技术才能够发现。所以，需求向产品转化的过程是以数据为基础的。

3.2.1　需求与数据

当今是一个数据爆炸的时代，数据积累的规模远远超过了之前人类社会数据积累规模的总和。在大数据这个概念出现之前，计算机并不能很好地解决需要人判别的一些问题。如今人工智能技术以大量的数据为导向，使机器能完成一些之前不能完成的任务，满足一些之前无法满足的需求。人工智能技术离不开数据，所以首先应该在需求与数据之间搭建一座桥梁。

很多人向笔者提过这样的问题：我们企业积累了大量的数据，但是如何使用这些数据呢？很多传统企业或政府部门其实都存在这样的问题，即拥有大量的数据但不知道如何利用，该问题的根源在于缺乏对数据与业务的关联的认知。为了提高对数据与业务的关联的认知，可以按以下两个过程进行思考。

1．从数据到需求

我们首先聚焦于数据，认真分析这些积累下来的数据都有哪些，分别能够做些什么。例如，对于一个外贸公司五年的销售流水数据，可以考虑用这些数据推测第六年的销售流水。在从数据到需求的过程中，我们只需要考虑数据能够做什么，无须考虑数据的产出是否与业务相关。

2. 从需求到数据

当我们完成对数据的聚焦后，再对需求进行聚焦。对需求进行聚焦需要对业务进行分析，需要重点分析的内容是满足这些需求需要哪些数据支撑。满足一个业务需求，可能需要很多数据支撑，这些数据有些已经被积累，有些则没有被积累。例如，一个外贸公司想要预测下一年的销售额，除前十年的公司销售额数据以外，还需要上一年股市大盘的走势数据和公司前五年的用户数据。在从需求到数据过程中，我们应当清楚针对某个特定需求哪些数据已经被积累，哪些数据需要外购，哪些数据在以后的公司发展中需要积累。

先从数据到需求，再从需求到数据，两者是一个相互渐进、反复循环的过程。数据与需求的关系如图 3-6 所示。从数据到需求是一个数据价值提升的过程，这个过程赋予了数据价值；从需求到数据是一个数据升级的过程，在这个过程中有更多围绕需求的数据被挖掘，也更加明确了数据与需求的联系。

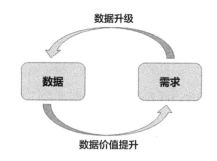

图 3-6　数据与需求的关系

数据的获取方式主要有两种，即采集和购买。采集的数据大多是用户与业务数据，这部分数据可以用来完善产品或者制作数据分析报告；购买的标注数据可以作为训练集，用来构建模型。

3.2.2　需求的产品转化

在人工智能时代，产品经理面临着大量的挑战，从工作内容方面来讲，产品经理这个角色本身也要进行范式的升级，工作流程、产品价值、沟通方式都有所更新，商业模式也有变更与创新。

人工智能不仅是一项技术，还是一种思考方式。人工智能产品经理不仅是一个职位，而且是一个在产品经理的基础上熟练掌握人工智能技术并能将其运用在产品中的产品人，他会在产品的构建过程中，埋下数据利用的种子，利用人工智能技术满足用户需求。产品经理可以利用人工智能技术解决用户痛点，满足卡诺模型中的期望型需求，甚至魅力型需求。

当前人工智能产品经理的产品逻辑方法还没有一套相对完整的方法论。本书给出一种产品构建方法，用来帮助产品经理梳理技术与需求之间的关系。

1．需求分解

首先明确需求的总体目标，即明确具体产品用于解决什么样的问题。然后分解需求，这一步的工作原理可以类比项目管理中的 WBS 工作原理。

2．确定字段

在确定字段过程中先将所有字段都列举出来，依次排开。确定字段其实是在帮助产品经理梳理数据，无论数据是在一个系统中还是在不同的系统中，都需要先列举出来。如果没有相关数据，则可向第三方平台购买。

3．寻找关联关系

将分解后的需求与字段进行连线。连线的原则是只要产品经理认为需求与这些字段有关，都可以进行连接。这一步的作用是帮助产品经理梳理需求与数据之间的关系。

4．制定数据清洗（数据治理）策略

在明确需要哪些数据之后，即可制定数据清洗策略，对于有些使用系统比较复杂并且追求长久发展的大型企业，可以开展数据治理工作（数据治理的相关内容将在 3.3 节进行讲解）。从原则上来讲，处理后的数据可达到建模的数据水平。

5．产品建模与模型调优

最后一步是基于需求进行产品建模，并对模型进行调优，构成最终产品。由于建模过程包含大量的行业知识与专业背景，所以需要产品经理与算法工程师共同完成。

需求的产品转化过程如图 3-7 所示。

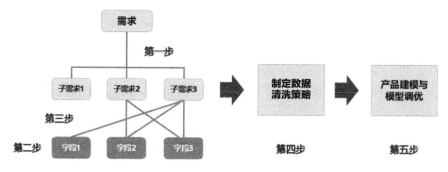

图 3-7　需求的产品转化过程

　　人工智能产品经理的本质还是一个以用户痛点和需求为导向的产品建设者，其要善于治理数据并能够利用人工智能算法更好地解决产品构建过程中的问题。人工智能产品经理需要对人工智能技术有一定的认知，并不是要求其能够写代码，而是需要其能够将算法与业务进行深度结合。

3.3　数据准备

　　数据准备阶段的工作量占构建一款人工智能产品总工作量的 70%以上，且有人认为数据准备是人工智能产品构建成功的关键，只有好的数据才能训练出好的模型。因此数据准备是整个人工智能产品构建过程中至关重要的一步。数据准备通常包含三个方面：数据获取、数据治理、数据标注。

3.3.1　数据获取

　　数据获取是指通过一些手段获得数据，在一般情况下，数据获取方式有以下 3 种。

1. 通过交易或合作获取数据

　　互联网上有很多免费的数据资源，包括科研数据集与人工智能竞赛数据集等，如美国临床试验数据库（ClinicalTrials）平台免费提供全球药物临床数据。

　　提供商业数据的平台按照交易类型提供数据服务。例如，数据堂提供交通车辆图像、汉字字体数据、广告交易数据等多种类型的数据服务。

2．通过爬虫系统获取数据

爬虫系统是一类直接从网页上抓取数据的系统。爬虫系统可以将数据从网页中抽取出来，并对数据进行数据库存储。针对行业化人工智能产品，对特定行业网页使用爬虫系统获取数据是较好的选择。例如，医药行业可以直接从临床公示平台爬取临床试验信息，媒体行业可以直接从新闻网站爬取信息进行舆情分析等。

爬虫系统的工作分为 4 个基本步骤：发起请求、内容获取、内容解析、数据保存。

（1）发起请求：向目标站点发起请求（可以使用 http 请求，请求可以包含额外的 header 等信息），然后等待服务器响应。

（2）内容获取：如果服务器能正常响应，则会得到一个响应。响应内容是对应的页面内容，响应类型有 HTML、JSON 字符串、二进制数据（图片或者视频）等。

（3）内容解析：对返回内容进行解析。如果返回内容是 HTML，则可以用正则表达式或页面解析库进行解析；如果返回内容是 JSON 字符串，则可以将其转化为对象进行解析；如果返回内容是二进制数据，则可以使用二进制解析工具进行解析。

（4）数据保存：数据的保存形式可以根据业务确定，包括数据库形式、文件形式。

爬虫技术可以解析、处理页面中的大型动态数据，涉及数据集成、中文语义识别等诸多方面，网络爬虫的基本逻辑流程如图 3-8 所示。

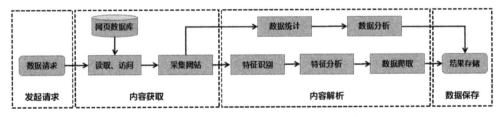

图 3-8　网络爬虫的基本逻辑流程

深度网络约占全球互联网总量的 3/4，这些网络中的内容很难通过普通搜索引擎爬取到。深度网络又称为"暗网"，是指那些存储在网络数据库中，不能通过超链接访问，而需要通过动态网络技术访问的资源集合。深度网络中的信息更多、更全面，也更真实。将爬虫技术应用于深度网络可有效监控违法犯罪行为。

3. 通过数据采集终端获取数据

通过数据采集终端获取数据是以硬件为基础的数据获取方式。大众比较熟悉的数据采集终端有手机、健康手环、智能项圈等，除此之外还有各类传感器，如化学传感器、生物传感器、声学传感器、光学传感器等。数据采集设备及元件如图 3-9 所示。

图 3-9　数据采集设备及元件

通过传感器采集的数据为原始数据，因此在进行数据处理时需要重新设计数据种类和存储结构。如果将手机作为数据采集终端，则可以采集用户的手机应用（App）中的行为数据。在采集行为数据之前，产品经理应该定义好数据采集类型与存储结构。

3.3.2　数据治理

进行数据治理是人工智能产业发展的基础，当前社会虽然会产生大量的数据，但是产生的数据杂乱无章，无法直接利用，更不可能应用于人工智能产品的开发。例如，在医药大数据行业中，每个医院都有好几套系统，各个系统之间无法做到数据互通，也无法将数据串联起来进行应用。又如，笔者曾经见过一个药品在数据库中有 19 个名字，没有医疗背景的程序员根本无法识别药品的名称。可见数据治理是人工智能发展为产业的基础。

数据治理是一个非常复杂的过程，不仅涉及技术领域，还涉及相应的保障机制。数据治理的核心是针对各类数据进行数据服务，包括数据质量、数据标准、数据安全等诸多方面；数据治理的保障机制包括数据服务组织、机制流程、规则制度及技术应用。这两个方面相辅相成，是一个有机整体，如图 3-10 所示。

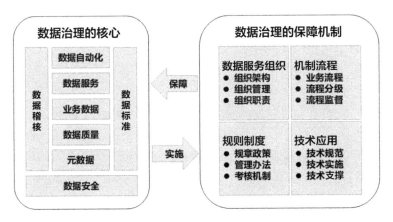

图 3-10 数据治理的核心与保障机制

1．数据治理的概念

数据治理是指将数据作为组织资产展开的一系列具体化工作，是对数据的全生命周期进行管理，包括针对数据产生、存储、加工、应用、删除等全流程制定一系列组织架构、管理制度、操作规范、绩效考核制度等。

产品都是基于需求而存在的，人工智能产品也不例外，只有在产生大量数据的同时，将原有的大量数据转化为有序、可利用的数据资产，才能够利用人工智能技术来达到产品期望。将数据转化为数据资产的过程称为数据治理。

数据治理是贯穿数据采集、汇聚、存储、处理、加工、共享、应用开发和持续运营等整个生命周期的系统性工作，需要充分融合技术、管理和业务，确保数据资产的安全并探索其商业用途。

在数据治理的概念中，有以下三个基本问题需要了解。

- 数据治理的目标。
- 数据治理的流程。
- 数据治理的应用。

1）数据治理的目标

数据治理的目标：①将数据转化为数据资产；②构建标准流程并提高流程透明度，以实现更好的决策、减少操作摩擦、满足数据利益相关者的需求；③实现数据资源在各组织机构部门的共享；④推进信息资源的整合，从而实现数据的有效应用。

进行数据治理不仅需要建立完善的保障机制，还需要明确具体的治理内容和数据规范，以及每个过程需要用到的系统及工具。经过治理的数据不仅具有一致性，还具有良好的扩展性、可用性、灵活性，如图 3-11 所示。

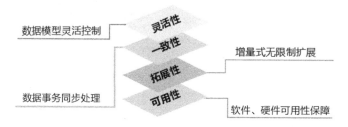

图 3-11　经过治理的数据的特点

2）数据治理的流程

数据治理是一个复杂的过程，主要分为三个阶段，每个阶段的要求不尽相同，如图 3-12 所示。

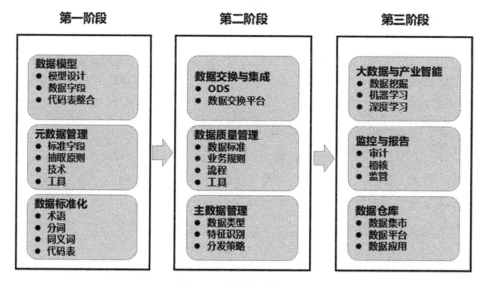

图 3-12　数据治理的流程

第一阶段：数据的基础管理阶段，包括数据模型与数据标准化的相关内容（如术语、分词、同义词及代码表等）。同时需要确定元数据管理方案，如确定标准字段与抽取原则，整合数据字典与相关的技术、工具。

第二阶段：数据交换传输与异构化阶段。在定义了相关数据规范与 ETL 工具之后，需要根据之前定义的方案进行数据处理。数据处理主要包括主数据管理、数据质量管理、数据交换与集成。第二阶段的主要工作是数据异构化。

第三阶段：数据治理的成熟阶段。在这个阶段需要完成数据仓库的整合，并基于数据仓库搭建一些应用，或进行数据挖掘的相关工作。

3）数据治理的应用

数据治理的应用其实就是数据的应用，只有治理过的数据才能较好地进行应用。数据平台可以提供计算功能，并且可以为各个业务板块提供数据能力支撑。2019 年时的某大厂的数据应用视图如图 3-13 所示。

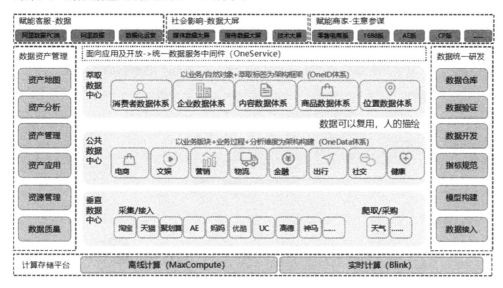

图 3-13　某大厂的数据应用视图

2．元数据治理

元数据是指用来定义业务数据的数据，也就是说元数据定义了业务数据的数据结构、各个任务之间的血缘关系等。进一步讲，所有能够维持系统运行的数据都可以叫元数据。

元数据按照用途可以分为两类：技术元数据（Technical Metadata）与业务元数据（Business Metadata）。

技术元数据是管理数据仓库时使用的数据，用于描述数据的技术特征，包括数据仓库结构的描述、视图、血缘关系、层级及数据导出的结构定义等。技术元数据也定义了数据的类型、数据的颗粒度等。技术元数据的架构可以分为上、中、下三层，上层指的是系统，中层指的是技术对象，下层指的是字段名称、表结构等。

业务元数据主要从业务角度描述了数据库中的业务数据，包括业务数据字典、对象和属性名称、数据来源，以及数据分析方法与报表等。业务元数据的架构也可以分为上、中、下三层，上层指的是业务概念，中层指的是业务实体描述，下层指的是业务术语。

元数据治理的关键在于规范性，主要分为两个步骤：元数据采集与元数据管理。元数据治理具有非常清晰的理论框架与技术框架，本节只对其进行简要介绍。

元数据采集分为技术元数据采集和业务元数据采集。

对于技术元数据采集，首先确定数据汇总后的元数据模型，由于各个系统中的数据结构不同，需要用元数据模型将其关联在一起，才能起到数据级联的作用。

业务元数据采集则相对复杂，主要是因为各个业务系统具有行业性。在业务元数据采集过程中，业务定义、业务名称、业务描述的术语需要统一。元数据采集的规范过程如图 3-14 所示。

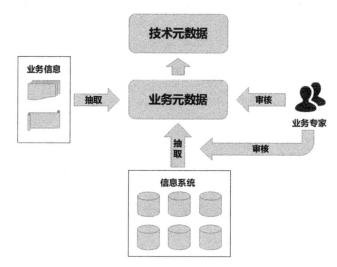

图 3-14　元数据采集的规范过程

数据标准化过程如图 3-15 所示。数据标准化是数据治理的必要过程，是通过建立标准的业务词典来定义业务用语的过程。笔者长期从事医药大数据行业，曾经处理过同一种药品在几十个系统中拥有 20 多个名称的问题，此类问题需要在数据治理过程中解决，否则对后期数据的应用及人工智能产品的构建影响极大。

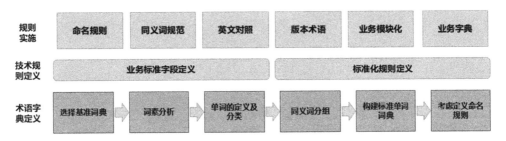

图 3-15 数据标准化过程

3. 数据质量

高质量的数据对企业的分析决策与业务发展至关重要，只有建立了完整的数据质量标准体系，才能有效提升企业整体数据质量。数据质量管理分为四大模块——数据清洗、数据稽核、数据操作、数据评估，如图 3-16 所示。

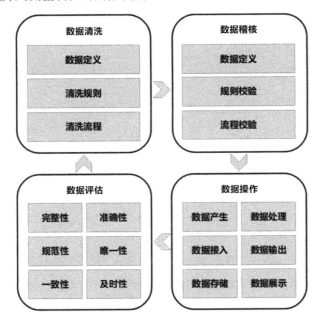

图 3-16 数据质量管理的四大模块

数据质量的提高需要制度的保障，因此在系统建立之初就应该完整地定义数据质量的评估维度。数据质量的评估维度如图 3-17 所示，其中数据完整性是最低要求，数据规范性应贯穿整个数据质量评估体系。在系统建立的各个阶段及不同系统的融合与交互阶段，都需要根据数据质量的评估维度进行评估。

图 3-17　数据质量的评估维度

1）准确性

准确性是指记录的数据与事物或过程一致。例如，病例系统中病人的性别、出生日期等数据的真实性。由于数据准确性的问题一般出在采集终端，所以在数据采集过程中多次进行数据核查十分必要。

2）及时性

及时性是指数据从产生到可以分析、查阅的时间间隔短（也称延时时长）。如果数据延时时长超出业务需求的时限，则可能导致数据毫无意义。例如，要完成第一季度的销售额分析，但到第三季度才看到目标数据，那目标数据就变得毫无意义。由于数据及时性的问题一般出在政策法规或者数据安全性方面，所以需要保证数据合规，做好数据加密工作。

3）一致性

一致性是指不同系统中收集的同一数据不能存在差异或相互矛盾。例如，同一药品的名称应一致。数据一致性与规范性的问题往往同时存在，数据规范性是数据一致性的前提。

4）完整性

完整性是指数据不能存在缺失。例如，今天门诊人数为 120 人，但电子病历中只有 110 个人的数据记录，这就是数据不完整的情况。不完整的数据不仅会影响数据质量，还会影响数据特征的提取。数据完整性的问题大多发生在数据采集终端，是由于人为因素或设备故障而发生的漏采集问题。

5）规范性

规范性是指数据存储的标准化与规范性。标准有两层含义：其一是指以特定的格式约束数据，如手机号码为 13 位数字；其二是指针对特定行业需要使用标准化术语对数据加以描述。当前医疗大数据被炒得火热，笔者也是医疗大数据行业的从业者，深切地感受到缺乏统一的医疗术语标准给数据分析带来的困难。同一种药品在不同医院的名称多达十几个，如药品"北京降压 0 号"就存在"降压 0 号""北京降压 0"等多个名称。在构建产品之前，必须确定标准术语集才能使数据具有规范性与一致性。

6）唯一性

唯一性是指数据存储与检索的唯一性。数据的唯一性在检索中至关重要。例如，一位公民只有一个身份证号。数据不唯一是系统级错误，需要对采集终端和整个系统进行排查分析。

数据质量的评估可以从以上 6 个方面展开，不过要注意数据的质量管控涉及平台底层、整体架构、存储模式等很多方面的内容，只有结合行业属性综合分析才能够提高数据质量。

数据质量管理是一个流程化体系，在不同阶段管理重点也不尽相同，数据质量管理流程如图 3-18 所示。在需求阶段与设计阶段需要明确数据质量的规则定义，即需要明确需要什么样的数据质量，这样才能知道数据结构与需求逻辑；在开发阶段需要确定数据质量规则的落实与实施；在产品上线后，即测试阶段，需要实施数据质量监控，按照数据质量的评估维度进行数据质量评估，发现问题后及时纠正。

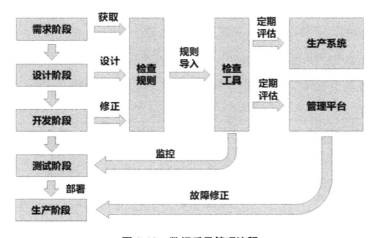

图 3-18　数据质量管理流程

4．数据生命周期与隐私安全

数据生命周期管理（Data Life Cycle Management，DLM）是一种基于策略的方法，用于管理信息系统中的数据在整个生命周期内的流动，数据生命周期如图 3-19 所示。数据生命周期包括数据从创建、存储到过时被删除的整个过程。数据生命周期管理产品的数据流动处理过程是自动化的，通常根据指定的策略将数据组织成不同的层，并基于关键条件自动地将数据从一个层级移动到下一个层级。

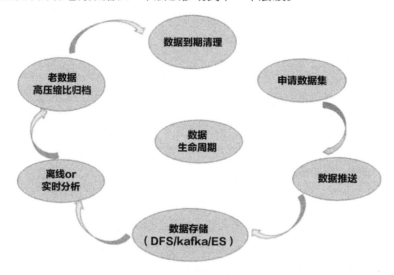

图 3-19　数据生命周期

数据的安全性是当今社会的热点话题，在笔者所从事的医疗大数据行业，数据安全一直是最为重要的问题。目前世界上许多国家或地区针对保证数据安全已经立法，其中比较严格的是欧盟颁布的于 2018 年 5 月 25 日生效的《一般数据保护法案》。

《一般数据保护法案》主要针的是对个人数据的处理行为。个人数据包括姓名、身份证号码、手机号码、定位数据等常规个人信息，也包括种族、生理、遗传、健康、心理状况、政治观点和宗教信仰等个人敏感信息。个人数据处理是指针对个人数据的任何操作行为，这必然也包括采用自动化方式的各种处理行为，如用户画像的自动获取等。当前主流的数据安全相关法案如图 3-20 所示。

我国在 2018 年 9 月也发布了相关的司法解释，从事数据运营工作的人一定要注意，不要触及红线。

序号	国家/地区	名称	序号	国家/地区	名称
1	德国	《联邦数据保护法》	9	美国	《上市公司网络安全披露指南》
2	韩国	《个人信息保护法》	10	新加坡	《2018网络安全法》
3	新加坡	《个人数据保护法》	11	日本	《关于数据域竞争政策研讨报告》
4	加拿大	《个人信息保护法》	12	奥地利	《2018年数据保护修正法案》
5	法国	《数字共和国法案》	13	印度	《个人数据保护法案2018》
6	欧盟	《一般数据保护法案》	14	美国	《2018年加利福尼亚州消费者隐私政策》
7	日本	《个人信息保护法》	15	美国	《澄清域外合法使用数据法》
8	欧盟	《非个人数据自由流动条例》	16	美国	《国土安全局数据框架法案》

图 3-20 当前主流的数据安全相关法案

5．数据循环管理

数据循环管理是管理数据价值的一种方式，是指从需求到数据质量的全流程管理。产品经理应该深度参与数据循环管理部分的业务，努力将数据价值发挥到最大限度。数据循环管理主要分为如下三部分。

- 数据需求循环管理。
- 数据价值循环管理。
- 数据质量循环管理。

数据循环管理模式如图 3-21 所示。

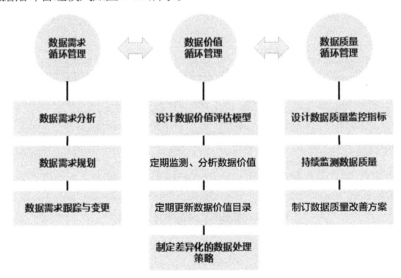

图 3-21 数据循环管理模式

1）数据需求循环管理

需求是产品的源端，做好数据需求的管理对保证数据治理及运营的顺利进行至关重要。数据需求处在不断变化的过程中，本部分的工作就是要建立全过程的数据需求管理体系，实现对数据需求的动态循环管理，根据行业与市场识别高价值的有效需求，及时降低或弱化非刚性需求或低权重需求。

（1）数据需求分析。

需求的整理是产品经理的基本功，相关内容不在本节重点分析。本节主要分析数据与需求的关系。对需求进行总结需要数据的支持，因此我们会提出数据需求；数据本身的特点也会让产品经理得到针对用户的需求启发，两者是相辅相成的。

在数据治理和应用的过程中会不断产生新的数据需求。分析数据需求首先要明确是哪类需求：一是需要接入新数据；二是已有数据在运营、利用过程中需要进行新的加工处理。

对于接入新数据的需求，需要分析所需数据的名称、类别、规模、时间周期等。对于对数据进行新的加工处理的需求，需要明确具体的需求项，如增加稽核规则、增加数据质量报表、增加新的数据接口等。在明确具体的需求项之后，需要进一步分析数据需求的重要性、统计口径、时间要求和对应的数据加工处理环节等。

在梳理数据与需求的关系时，可以利用平行关系图来完成，如图 3-22 所示。

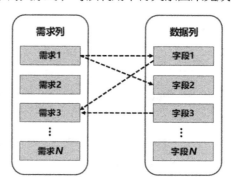

图 3-22　数据与需求的平行关系图

在左侧列出需求，作为需求列；在右侧列出现有字段，作为数据列。第一步，分析刚性需求与数据的关系，进行连线，确定满足需求的字段。第二步，根据字段从人工智能机器学习的角度构思新的需求点。特别说明：该两列都可以进行添加，特别是需求列，由数据得出的需求启发可以直接填入需求列。此过程可将需求与数据的对应关系梳理得更加完善。

（2）数据需求规划。

在完成数据需求分析之后，可以进行数据需求规划。互联网产品规划策略可以在很多资料中找到，其主要的思路是突出主要需求，构建 MVP（Minimum Viable Product），后续根据产品发展与市场节奏对产品功能进行迭代。

数据需求规划可以理解为根据现有需求及后续公司的发展，对现有及后续数据进行规划。对数据需求进行规划没有固定的方法，可以通过公司内部讨论来完成，也可以通过与外部咨询公司合作来完成。数据需求规划可分为三个方面：技术、管理、用户，这三个方面平衡的数据需求规划才是好的数据需求规划。数据需求规划的三个方面如图 3-23 所示。

图 3-23　数据需求规划的三个方面

管理包含很多内容，如资金管理、人员管理、商业模式管理、采购管理、项目管理等。在进行数据需求规划时，需要照顾到管理体系内部各种因素。技术主要包括服务器选型、开发环境及开发语言选择、系统架构、数据分析、大数据与人工智能技术实现等。好的数据需求规划应该能够通过各类技术手段得到优质、可持续的数据资产，并且能够与管理体系兼容。用户包含用户界面、用户体验、付费等内容。毕竟产品构建的目的是获得商业回报，从良好的数据反馈中可以挖掘到良好的用户感知，并提高用户的付费意愿。

（3）数据需求跟踪与变更。

数据需求从分析到实现一般需要经过几周到一年的时间，需要一个系统或多个系统共同实现，会涉及变更、细化、正确性迭代等过程，因此需要做好数据需求跟踪与变更管理。

数据需求可能会变更形式，如一个需求细化为多个子需求、多个需求关联整合为一个新需求、取消需求、变更实现所在的时间段、变更实现所在的系统和模块等。

2）数据价值循环管理

充分挖掘数据价值是数据治理的重要目标，价值导向是各项工作所要遵循的原则之一。在整个产品周期中，对各类数据价值高低的评定不是一成不变的，而是一个持续调整的过程。本部分的工作就是要实现对数据价值的循环管理，形成评估数据价值的模型，并依据价值高低对不同数据制定差异化的处理策略，对价值高、用户频繁应用的数据提供高优先级的监控保障、客服支撑和资源倾斜等。

（1）设计数据价值评估模型。

数据价值评估模型包含价值类、成本类、质量类三大类别因素。

价值类因素是指数据本身价值大小，如与国家安全有关的数据本身价值就很大。成本类因素是指获取该数据的成本为多少，是否为恒定支出的成本。成本多少是数据价值大小的重要影响因素，但不是决定性因素。质量类因素主要用来度量数据的质量，特别是一些非结构化数据，其数据质量就存在很大问题，这样的数据难以利用人工智能手段进行处理。

（2）定期监测、分析数据价值。

通过数据价值评估模型定期对数据进行价值分析，了解数据的成本、价值等方面的情况，并做出科学的数据改善措施，如某类数据需求较旺盛，但是数据量和数据质量一直较差，则可以考虑引入其他同类数据进行替换，或者加大对数据产生、采集的成本投入，改善数据质量。

（3）定期更新数据价值目录。

数据价值目录是公司进行数据价值定期分析的输出物，用来呈现各类数据整体价值的高低，以及各类细分因素的最新数据，需要定期更新，作为后续制定差异化的数据处理策略的重要依据。

（4）制定差异化的数据处理策略。

对于高价值的数据，可制定如下策略。

- 使用性能更高的服务器组成 HDFS 存储及 HIVE、HBASE 数据库应用。
- 提供更高的内存处理机制。
- 相关的产品生产采用队列运行的优先级高，资源配额充分。
- 数据产品生产的时间密度高、延时时长短。
- 设置较高的质量保证标准水平（数据完整率、覆盖率等），更灵敏的故障监控处理机制。

- 规划实现更多的数据能力支撑应用。
- 保存周期较长。

对于低价值的数据，可制定如下策略。

- 使用性能一般的服务器组成 HDFS 存储或者磁盘阵列。
- 相关的产品生产采用队列运行的优先级为一般，允许排队。
- 设置一般的质量保证标准水平（数据完整率、覆盖率等），对故障发生的容忍度高。

3）数据质量循环管理

数据质量是制约数据应用效果的重要因素。本部分的工作是通过监测和改善数据质量，实现数据质量的不断提高。

（1）设计数据质量监控指标。

与数据评估有关的规则分为及时性、一致性、完整性、唯一性、准确性及规范性等，可基于图 3-16 描述的数据评估规则进行质量监控。

对汇聚的数据均可采用以上 6 种评估规则进行梳理，通过稽核系统展示稽核结果，还可针对重要的数据制定阈值警告的规则，实时展现重大的数据质量问题。

（2）持续监测数据质量。

数据质量指标较多，如果针对每类数据都采用全套指标进行数据质量监控，不仅不容易突出监控重点，还会消耗大量资源，所以必须要区分数据的轻重缓急，合理制定各类数据监测所要用到的数据质量指标范围。

建立分阶段、分范围治理、提升数据质量的常态化工作方式，可遵循如下原则。

- 对于价值高的数据，重要字段的稽核规则要保证日常监控，一般的字段通过日/周度的稽核报告进行关注和跟踪，及时解决数据问题。
- 对于价值一般的数据，采用周度的稽核报表进行监控，可通过定期的数据质量整治工作对数据质量进行优化提升。

（3）制订数据质量改善方案。

制订数据质量改善方案的手段包括技术手段和管理手段。提升数据治理能力不仅是技术问题，还是管理问题。在很多情况下需要在数据产生的源端保证数据质量，这就需要通过管理手段督促机构相关业务部门、职能部门在数据产生阶段、采集阶段注意保证数据质量，如在数据产生时就遵照数据规范来进行数据录入与采集。

3.3.3　数据标注

训练数据的质量是影响人工智能产品有效性的关键因素，一个具有高质量标注的数据集对模型的提升效果，远远高于算法优化对模型的提升效果。数据标注是指通过人工或半自动的方式为原始数据打上相应的标签，打好标签的数据称为标注数据或者训练集数据。对数据进行标注有两个意义：其一，使人类经验蕴含在标注数据之中；其二，使标注数据信息能够符合机器的读取方式。例如，胸部 CT 中的阴影是否标注为肿瘤，目标检测任务中行人轮廓与汽车轮廓的标注等，都需要根据人类的经验才能够确定。在胸部 CT 中标注阴影的大小，需要利用相应的标注软件确定阴影边缘的坐标，使机器能够准确定位阴影。专业壁垒不高的数据标注可以通过聘用实习生、兼职人员完成，也可以通过外包或众包服务的方式完成；专业壁垒较高的数据标注可以与相关研究单位合作，以项目的方式完成。总而言之，标注难度越高的数据价值越高，以此数据训练出来的模型价值就越高。

数据标准流程与参与者如图 3-24 所示。

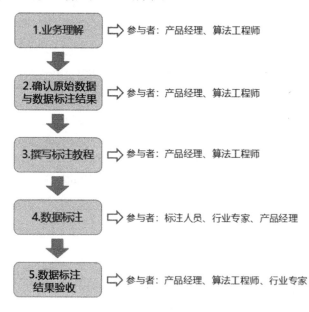

图 3-24　数据标准流程与参与者

1. 业务理解

产品经理与算法工程师要对业务进行理解，明确原始数据的意义与数据标注的价值。业务理解是所有产品工作的基础。

2. 确认原始数据与数据标注结果

产品经理需要与算法工程师共同确认原始数据与数据标注结果，并确定标注工具。数据标注结果必须得到算法工程师的确认，以确保后续建模过程的顺利开展。

3. 撰写标注教程

在确认原始数据与数据标注结果之后，产品经理需要撰写标注教程。标注教程类似于软件说明书，需要将标注过程按顺序一一列出。标注教程包含 4 个要素：标注软件（平台）、标注要求、标注对象、标注流程。产品经理撰写的标注教程同样需要得到算法工程师的确认。

4. 数据标注

在数据标注过程中，产品经理需要不定时对数据标注结果进行抽查。

5. 数据标注结果验收

产品经理与算法工程师共同对数据标注结果进行质量验收，若数据质量不合格，则需要弄清楚不合格原因并重新进行数据标注。对于有行业壁垒的数据，数据标注的准确性需要请行业专家进行判断。

针对不同的数据类型有不同的数据标注工具，如标注图像可以使用 LabelMe，标注文本可以使用 Brat 或 DeepDive 等，当然还有很多后期开发的标注平台可供使用。

3.4　模型建立

早期的人工智能系统被称为专家系统。专家系统通过学习或总结人类经验获得智能，并可以利用这些经验解决实际问题。如今随着大数据的发展，新生事物不断增加，各种知识层出不穷，很多领域的经验已经无法总结成系统的专家经验，而这些经验包含在大量的数据之中，所以说数据是人工智能发展的基础。由此可见，建模的根本在于寻找人类经验。根据寻找人类经验的方式的不同，建模可以分为知识建模、非知识建模、混合建模。

知识建模属于早期专家系统的建模方法，重点在于如何将总结好的知识转化为机器可以识别、储存、运用的数据化形式。知识建模适用于业务数据难以获得或业务逻辑相对容易总结的情况。

非知识建模不需要提取人类经验，甚至不需要模型具有可解释性，是通过数据特征得到对应模型的建模方式。非知识建模适用于业务逻辑难以总结而业务数据容易获得的情况。

混合建模是结合了知识建模与非知识建模的建模方式，针对特定问题进行建模。

建模过程是一个系统而复杂的过程，需要综合考虑业务类型、数据等多方面情况才能够完成。据笔者了解，当前很多人工智能工作者只重视非知识建模方式，认为知识建模过时了，不适用于当今人工智能的发展。这样的认识是偏颇的，只有根据实际情况将不同建模方式结合起来才能达到较好的效果。

3.4.1　知识建模

知识建模源于人工智能起源的一大学派——符号主义学派。符号主义学派认为，人工智能源于数理逻辑，可以说是一种高级的推理过程。从符号主义学派的观点来看，知识是信息的一种形式，知识逻辑体系是构成智能的基础。人工智能的核心在于知识表示、知识推理、知识运用，知识可用符号进行描述，认知是符号的处理过程，推理是基于知识与搜索对问题进行求解的过程。推理过程同样可以用符号化的语言来描述，这就构成了我们认知的模型。符号主义学派认为可以建立人类智能与机器智能的统一理论体系。

在知识建模中有两个重要问题：其一是知识的符号表示；其二是推理方法。

1．知识的符号表示

知识的符号表示是指将知识转化为机器所能识别、存储、运用的数据化形式。

常见的知识的符号表示方法有谓词逻辑法、状态空间法、问题规约法等。由于知识建模构建的是一种推断逻辑，所以谓词逻辑法的使用较为普遍。

谓词是用来描述或判定客体性质、特征或者客体之间关系的词项。例如，在"小明是我的朋友"这个句子中，"是"就是谓词，该句中只有"小明"一个客体，因此该谓词被称为一阶谓词；在"5 大于 4"这个句子中，"大于"就是谓词，该句中"大于"涉及两个客体，因此该谓词被称二阶谓词。

使用谓词表示知识有两个步骤：①确定每个谓词的客体及其确切含义；②利用逻辑符号连接谓词，对知识进行表达。

【例】利用谓词逻辑法表述以下语句。

人人学雷锋。

① 确定每个谓词的客体及其确切含义。

客体：人。

谓词：学、是（"人人"隐含了"是人"的客观事实）。

定义谓词：

people(x)表示 x 是人。

learn(x,y)表示 x 学 y。

② 利用逻辑符号连接谓词，对知识进行表达。

$$\forall x, \text{people}(x) \rightarrow \text{learn}(x, 雷锋)$$

其中，∀ 表示对于任意。

2．推理方法

推理方法是指机器模拟人类进行知识选择，并运用这些知识分析和解决实际问题的逻辑方法。我们也可以将推理理解为按照一定的规则，根据已有事实推出结论的过程。推理系统主要由谓词逻辑组成的知识库和控制推理过程的机构组成。

常用的推理方法有三种：正向推理、逆向推理、双向推理。

正向推理是由条件出发，向结论方向进行的推理，即由当前的事实出发，根据输入的推理规则，向结论方向进行推理。例如，根据咽痛、关节酸痛能够推理出有较高概率是患了感冒的结论。这种推理方式就是典型的正向推理。正向推理是早期专家系统解决问题的一个重要方法。专家系统在解决问题时，先发现问题提供了什么信息，然后根据提供的信息借助推理规则推导出新的信息，从而加深对问题的了解。

逆向推理是指从问题的目标状态出发，按照目标组成的逻辑顺序逐级向初始状态递归的问题解决策略。简单来讲，若一件事的结果是正确的或客观的，那么可以根据这个结果进行反向推理，从而得到原因。例如，当我们已经知道一个人患了感冒时，可以推理出他感冒的原因可能是受凉或感染流感病毒等，这就是逆向推理的思维模式。

双向推理是结合了正向推理与逆向推理的推理方法，它是构成推理网络的理论基础。

知识建模是早期人工智能技术的代表，由知识建模而构建的专家系统为医学、教育、工业等领域做出了巨大贡献。知识建模的优点可以总结为以下 3 个方面。

（1）高效表达知识。通过知识的符号表示方法，高效、准确地表达难以用数学方法描述的复杂、定性的人类经验知识。

（2）灵活性。知识的表达相对独立，方便进行知识的修改和扩充，系统也可以快速获得新的规则。

（3）可解释性。知识建模最大的优点是构建出的模型具有可解释性。所有的推理逻辑与公式，都可以通过严谨的数理证明进行解释。这一点与当前非常流行的神经网络模型相比，具有非常大的优势。

任何建模方法都有缺点，知识建模的缺点可以总结为以下 3 个方面。

（1）知识获取困难。要将专家的经验知识加以提取、整理，再将其转换成各种表示符号，还要考虑知识之间的相容性等问题，这本身就是一项困难的工作。

（2）问题复杂度高。对于复杂的知识体系，知识之间的关系及知识库中的节点会变得异常复杂。推理过程中对知识的搜索与应用复杂度将呈几何级数增加。

（3）容错能力差。由于知识推理具有非常严密的推理条件与推理逻辑，知识的不完备可能会导致推理出现问题，从而降低系统的精度。同时，如果出现错误的规则，则可能导致整个推理的错误，并且这种错误不易更正。

3.4.2　非知识建模

非知识建模是当前大数据时代的主流建模方式。数据中蕴含着人的知识，非知识建模不需要将这种知识提取出来，而是直接通过获取大量数据去训练模型。非知识建模避免了知识提取的过程，也回避了建模人员对专业知识的理解问题。

由于非知识建模不涉及知识的提取，所以非知识建模中最重要的工作是数据准备，相关内容在 3.3 节中已详细介绍，此处不再赘述。进行数据准备是为了构成模型的训练集，我们需要准备存储格式统一、真实性高、标注合规的数据作为模型的训练集。在准备好训练集之后，可以根据具体业务进行模型的选择，根据选择的模型的特点对训练数据进行微调，以满足不同模型的训练要求。对于数据特征不明显的数据集，可以通过特征工程来提取数据特征，从而使训练出的模型更加准确。

3.4.3　特征工程

在机器学习领域有一句话：数据决定了机器学习的上限，算法和模型只是使机器学习逼近这个上限而已。由此可知，数据对算法和模型具有非常大的影响。好的数据可以训练出好的模型，如果使用较差的数据来训练模型，那么无论如何改进算法都很难进一步提高模型的性能。

特征工程是对数据特征的整理与提取过程，是最大限度地从原始数据中提取数据特征以供算法和模型使用的过程。在国内外大大小小的人工智能算法比赛中，很多获奖的参赛队并不一定是使用了多么高深的算法，但是无一例外都在特征工程环节中拥有出色的表现。特征工程的实施对象是数据，目标是使算法和模型达到最佳性能。简单来讲，特征工程就是构造优秀数据训练集的科学。

特征工程在机器学习乃至整个人工智能领域中具有非常重要的地位，通常来讲可分为以下三个部分：特征构建、特征提取、特征选择。

1．特征构建

特征构建是指利用已有数据构建与行业有关的维度或属性。由于涉及具体问题，并且牵扯到很多行业问题，所以很少有书籍会提到相关方法。当我们聚焦一个问题时，首先需要分析有哪些维度或属性与这个问题有关，这就定义了事物最初的特征。例如，我们需要研究糖尿病的相关问题，那么按照当前对疾病的认知，血糖值、体重、代谢率等维度与糖尿病相关性较高，或者称为特征较强；而头发长度、口味偏好、听力等维度与糖尿病相关性较低，或者称为特征较弱。我们首先需要根据问题选取合适的维度或属性，这样构造出的模型才有保障。

通过维度的分解与组合可以构建特征，具体分为以下 4 个步骤，如图 3-25 所示。

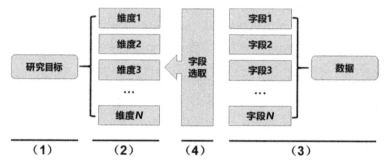

图 3-25　特征构建过程

（1）确定目标。首先需要确定研究目标，也就是说要确定模型具体需要解决什么问题。确定研究目标是数据特征工程的基础。

（2）目标分解。在研究目标确定之后，需要将研究目标分解为不同的维度。通过确定这些维度的数值，可以完成研究目标。举个简单的例子，糖尿病的诊断标准为空腹血糖浓度大于 7.0mmol/L 并且餐后 2h 血糖浓度大于 11.1mmol/L，因此糖尿病的诊断标准可以被分解为两个维度——空腹血糖浓度与餐后 2h 血糖浓度，我们只需要确定数值是否符合对应维度的数值标准，就可以判断该患者是否患有糖尿病。

（3）字段梳理。对于经过数据治理的数据，我们认为其是一类结构化数据。将数据中的字段依次进行梳理，以供后续字段选取过程使用。

（4）字段选取。在数据库中，每个字段代表不同的意义，有的字段可以满足之前分解出的维度，有的字段需要与其他字段进行组合才能满足相应的维度。所以要根据目标分解出的维度选取相应的字段，以确保这些维度能够被满足。

特征构建工作不仅涉及对数据知识的理解，还涉及诸多行业知识及业务经验，所以在进行该工作时可以向相关领域的专家或对业务与数据有深入理解的人士进行咨询。

2. 特征提取

特征提取（Feature Extraction，FE）是指提取原始数据的特征或将其组合成为新特征的过程，新特征具有更明显的物理或统计学特征。在进行图像处理时，经常用主成分分析法来降低图像特征的维度。例如，我们需要进行相似图像的检索，那么如何比对两个图像的相似性呢？这就需要比较从这两个图像中提取出的特征，如果特征相似，那么就认为这两个图像相似。但是我们面临两个问题：其一是图像的特征非常多，如何挑选最具有代表性的特征；其二是在一个非常大的数据库中，检索多个特征是非常缓慢的。我们通常需要对图像中的特征进行提取，将这些特征组合成一个更显著的特征，以减少原始特征的个数，起到降维的效果。

特征提取是一类属性组合方法，多基于数学变换。下面列举几个常用的特征提取方法。

1）主成分分析（Principal Components Analysis，PCA）法

主成分分析法是一种降维方法，通过一系列的线性变换将之前多个特征进行组合，以减少原始特征个数，从而降低计算的维度。主成分分析法的主要思维是构建一种映射，将原来 N 维特征空间映射到 K 维特征空间，其中 $K < N$。主成分分析法的数学意义是从原始 N 维特征空间中按顺序寻找一组正交的坐标轴，其中第一个坐标轴的方向是 N 维特征空间中数据方差最大的方向，第二个坐标轴的方向是与第一个坐标轴垂直的平面中数据方差最大的方向，第三个坐标轴的方向是与前两个坐标轴都垂直的平面中数据方差最大的方向（扩展到三维空间），依次类推得到 N 个这样的坐标轴，即构成了 N 维特征空间，从而实现了对特征的降维处理。主成分分析降维过程如图 3-26 所示。

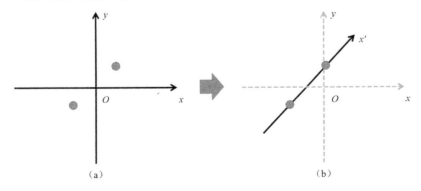

图 3-26　主成分分析降维过程

图 3-26（a）中有 x 轴和 y 轴两个坐标轴，构成一个二维特征空间，图 3-26（a）中的数据需要用（x, y）坐标的形式进行描述。图 3-26（b）中 x' 轴是构造出的新坐标轴，其方向为图 3-26（a）中两点坐标数据方差最大的方向，图 3-26（b）中的数据只需要用 x' 一个维度就可以进行描述，这就相当于进行了降维。

主成分分析法是重要的特征提取方法，除了可以将数据特征降维，还可以消除噪声，目前已经广泛应用于特征工程。

2）线性判别分析（Linear Discriminant Analysis，LDA）法

线性判别分析法的基本思想是将高维的数据进行投影，使投影后的数据更易于区分或者特征更明显。线性判别分析法使数据在投影空间中具有最佳可分离性，线性判别分析法的几何意义如图 3-27 所示。

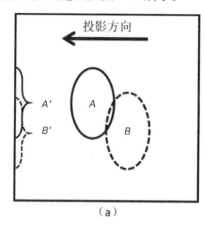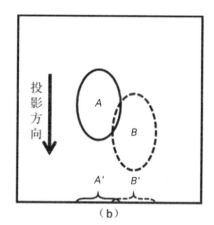

图 3-27　线性判别分析法的几何意义

在图 3-27 中，A 和 B 分别为不同的数据分布，A' 和 B' 分别为 A 和 B 的投影。在图 3-27（a）中，投影方向向左，投影 A' 和 B' 有较大的重叠部分，分离特征并不明显。在图 3-27（b）中，投影方向向下，投影 A' 和 B' 只有较小的重叠部分，分离特征明显。线性判别分析法的目的就是寻找一个最佳的投影方向。

在线性判别分析法中最著名的是 Fisher 判别，其目的是使所有不同类数据间的特征耦合度降低，同一类数据内的特征耦合度升高，以得到更加显著的特征。

3）多维尺度（Multi-Dimensional Scaling，MDS）法

多维尺度法是一种特征可视化方法，它将数据在低维空间中标出，以便研究者直观地观察数据的相关特征与关联关系。同时在使用多维尺度法的过程中，也可以按照

距离等要素对数据进行分类。多维尺度法从数学上来讲是一种数据映射的方法，是一种高维到低维的映射方法。多维尺度法分为度量型多维尺度法与非度量型多维尺度法：度量型多维尺度法将数据按照距离或相关性等量化指标进行度量，数据在低维空间中仍然保留这种度量关系；非度量型多维尺度法将数据间的关系看作一种定性的关系，数据在低维空间中按照顺序保持这种关系。

4）核主成分分析法

核主成分分析法是对原空间进行非线性变换，在变换后的空间中进行主成分分析以确定原空间中的主成分。核主成分分析法可以看作对主成分分析法的非线性扩展。原空间与非线性变换后的空间由一种被称为核函数的函数连接。所以该方法的重点在于根据不同问题寻找不同的核函数，也可以看作对数据引入了一种非线性距离度量。

3. 特征选择（Feature Selection，FS）

在完成特征构建与特征提取后，我们已经确定了与研究问题有关的分析维度，并锁定了相应的字段，但这并不意味着所有的维度都要用来训练模型。决定具体将哪些特征用于模型训练的过程就是特征选择的过程。之所以需要进行特征选择，是因为不同特征对于研究的数据而言其"效力"是不同的，有的特征的效力非常突出，有的特征的效力则并不一定突出，为追求模型的高效、准确，首先选取效力突出的特征进行模型训练。

特征选择是指利用模型、统计等方法从一组给定的数据特征中选出能够代表数据特征的最小特征子集。简而言之就是从 M 个特征中选择 N 个特征，这 N 个特征的维度小于 M，并且这 N 个特征是 M 个特征中最具代表性的特征。特征选择是提高学习算法性能的重要手段。

特征选择与特征提取并没有非常明确的界限，有时特征提取也可以看作在进行特征选择。但无论是特征选择还是特征提取，其目的都是降维，以使原始数据的特征更加突出。

特征选择的一般过程包括产生过程（Generation Procedure）、评价函数（Evaluation Function）、停止准则（Stopping Criterion）、验证过程（Validation Procedure）4 个步骤，如图 3-28 所示。

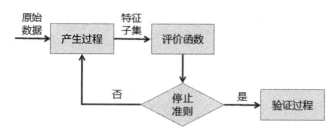

图 3-28　特征选择的一般过程

（1）产生过程：产生过程是搜索特征子集的过程，负责为评价函数提供特征子集。在一个复杂数据集中，具有大量特征，我们必须选取一种搜索方式来进行搜索，将搜索到的特征交给评价函数进行评价。但是由于特征很多，并且我们希望首先搜索到"特征性强"的特征，所以搜索也需要一定策略。常用的搜索策略包括穷举式搜索、序列式搜索、随机搜索等。

（2）评价函数：评价函数是评价一个特征子集好坏程度的准则。确定了评价函数意味着确定了评价标准，评价标准在特征选择中具有非常重要的意义，它是特征选择的依据。评价标准可以分为两种：一种是用于单独衡量每个特征的预测能力的评价标准；另一种是用于评价某个特征子集整体预测性能的评价标准。

评价策略有 3 种类型：过滤式（Filter）、封装式（Wrapper）、嵌入式（Embedded）。

过滤式评价策略相对简单，它根据某一指标为各个特征打分，或者设定阈值判定来选择相应特征。过滤式评价策略可将评价函数分成 4 类：距离度量、信息熵度量、依赖性度量、一致性度量。

封装式评价策略从本质上来讲是一个分类器。先利用分类器直接选取的特征子集对样本集进行分类，再利用对样本分类的准确度来衡量特征子集的好坏。相当于将特征子集直接嵌入分类器，用分类效果来评价特征子集的特征是否显著。

嵌入式评价策略是选择使用一种机器学习算法，如多元线性回归，来对特征进行训练的评价策略。训练得到权重后将权重排序，直接保留权重大的特征。

（3）停止准则：停止准则是与评价函数相关的一个阈值，当评价函数值达到这个阈值后则停止搜索。它与评价函数或搜索算法的选择及具体需求均有关联。常见的停止准则一般有如下 3 种。

① 执行时间：指定算法执行的时间。在达到执行时间后，强制算法停止搜索并输出结果。

② 运算次数：指定算法的运算次数。将运算次数作为停止准则通常针对的是随机搜索策略。

③ 阈值设定：根据评价函数的选择设定一个阈值，通过目标与该阈值的比较决定算法停止与否。设定一个合适的阈值并不容易，需要对算法的性能有清晰的了解。若阈值设定得过高，则会使得算法进入死循环；若阈值设定得过低，则会使算法无法达到预定的性能。

（4）验证过程：在测试数据集上验证选择的特征子集的有效性。通常来讲，建模过程会把数据分为训练集与测试集，训练集用于发现特征或训练模型，使用训练集得到的结果通常要在测试集中进行验证。举一个简单的例子，在研究某公司销售额与用户画像时，若发现女性消费者的数量是影响销售额的关键因素，则需要使用与训练数据同分布的测试数据来验证这个结论。

总之，特征工程是一个系统的工程，通过对业务的认知定义特征，利用数理统计、机器学习等算法强化特征，为建模打下重要数据基础。

3.4.4　算法的选择

算法的选择是非常灵活的，处理不同问题可以选择同一个算法，处理同一个问题也可以选择不同的算法。例如，对于常见的用户画像问题，我们就可以选择很多算法来处理，如线性分类器、决策树甚至神经网络等，这些算法只要使用恰当都能达到良好效果。

算法的选择是一项艺术，没有最好的算法，只有是否能满足需求的算法。在精度达到一定的水平之后，还需要考虑占用多少算力、响应时间等问题。一个好的算法需要不断地摸索并进行迭代、改进。算法的选择要考虑的方面很多，首先要根据需求来选择算法，从产品经理的角度应该知道相应场景对应什么样的算法常用的应用。当前相应场景对应的常用算法如表 3-1 所示。但是应用场景及算法不限于表 3-1 中所列举的几种，表 3-1 中的算法并不是适用于该应用场景的最优算法，寻找最优算法的方法就是精通所有的算法后再加以组合调优。

表 3-1 当前相应场景对应的常用算法

场 景	常 用 算 法
降维	主成分分析
手写识别 OCR	决策树、逻辑回归、贝叶斯分类器
自然语言处理	马尔可夫链、LSTM 神经网络、条件随机场
图像处理	CNN
博弈、策略训练	深度强化学习
用户画像	线性回归、聚类
推荐系统	协同过滤

在不同行业的不同场景下有很多算法模型可供选择，无论选择什么样的算法模型都考虑下面 4 个方面。

（1）准确率及相关指标。模型评估指标相关内容详见 3.5.2 节。

（2）训练样本。通过大量高质量的训练样本对模型进行训练非常重要。低质量的训练样本对任何模型都没有太大的意义。

（3）线性化。线性模型是最简单、直观的模型，并且能够高效地解决很多问题。在建模时，应该首先考虑线性模型，线性模型无疑是最适合开发与试错的模型。

（4）参数调优。参数调优是模型设计中的核心部分，其中参数包括学习率、迭代次数等。参数调优与准确率、训练时间是相互竞争关系，重点还是取得均衡。

3.4.5 模型的开发

传统的产品开发方式主要分为瀑布式与敏捷式。瀑布式开发把产品的开发分隔成各个部分：需求分析、技术预研、模型设计、系统设计、技术架构、模型编码、模型分析、模型评估等。敏捷式开发是一种跨职能团队合作模式，是对应产品迭代、增量的方式开发产品的一种开发组织框架。瀑布式开发与敏捷式开发的理念不同，瀑布式开发更注重分工与流程化，敏捷式开发更注重团队协作与产品迭代。人工智能产品的开发需要将两种开发模式结合起来。在模型开发的过程中，需要流程化的开发模式，这样可以使开发过程逻辑清晰且有条不紊，这是瀑布式开发的特点。与此同时，模型的开发需要以测试带动模型改进，算法工程师与产品经理紧密协作，持续完成模型的改进、测试、迭代工作，这是敏捷开发的特点，如图 3-29 所示，从技术预研开始，测试工作就不断参与到模型开发过程中，对模型的开发是一种驱动力。

任何对产品的组织管理，其实都是对人的组织管理。一个产品能否顺利上线、一个项目能否按期完成，在很大程度上取决于产品经理是否实施了成功的产品组织管理。

产品的顺利完成需要所有成员拥有一致性目标，所以在产品构建之前提出一个合理、清晰的目标是非常重要的。在一致性目标达成之后，任务的分发管理至关重要，产品开发的人员组织如图 3-30 所示。

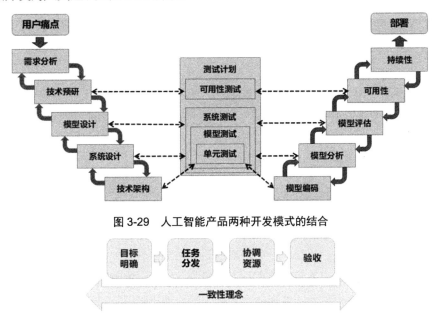

图 3-29　人工智能产品两种开发模式的结合

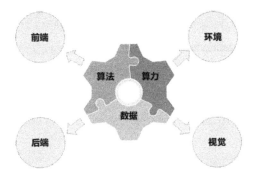

图 3-30　产品开发的人员组织

人工智能产品更加突出技术性，技术是人工智能产品开发的核心要素。人工智能产品是一个由内到外的开发过程，如图 3-31 所示，所谓"内"指的是产品的核心技术、算法，所谓"外"指的是后端的开发、前端的开发等。

图 3-31　人工智能产品开发的"内"与"外"

人工智能产品的开发应该采用将瀑布式开发与敏捷式开发相结合的开发模式，该开发模式是一种平行推进的开发架构。以数据与算法为中心，结合诸多要素，包括公司的战略资源、数据资源、行业切入点、使用场景等进行开发。

3.5　模型评估

当建模完成后，还需要验证模型的准确度与稳定性等。当进行模型测试时，需要将系统拆解开做分层测试，并评估模型整体。模型评估是建模过程中的最后一步。模型评估主要是评估模型的泛化能力，以及模型对新数据的分类或预测效果，并利用相应的商业指标对模型整体进行业务可用性评估。

3.5.1　模型的业务评估

模型的业务评估是一项检测任务，重点在于检测模型设计、字段、逻辑等内容是否与真实业务相冲突，以及数据格式是否正确等。例如，检测是否有已经删除的字段出现在模型中。若在模型的业务评估中发现问题，则需要马上回归建模过程仔细进行检查。

3.5.2　模型的量化评估

模型的构建分为两个阶段：模型设计阶段（Prototyping）与应用阶段（Deployed）。模型设计阶段是指使用历史数据构建一个学习模型，然后对模型进行验证（Validation）与离线评估（Offline Evaluations），从而进行参数调整或模型改进；应用阶段是指模型上线后使用新数据对模型进行在线评估（Online Evaluations）。两种评估的应用场景与方式都不相同。离线评估是指使用准确率（Accuracy）、召回率（Recall）等指标进行评估；在线评估是指使用点击率、转化率、日活量、注册量、流失率等商业评估指标进行评估。

在构建模型时我们通常使用历史数据进行模型训练，并假设未来数据与历史数据处于同样的分布状态，但在现实中这种假设往往不成立。为了解决该问题对模型带来的影响，可以在不断产生新数据的同时，使用一些验证性指标对新数据集进行评估，如果未来数据与历史数据有相同的性能，那么说明模型可以继续使用；如果未来数据的评价指标与历史数据的评价指标不同，那么需要考虑重新调整模型。

不同的机器学习任务具有不同的评估指标，本节主要介绍离线评估指标，由于在线评估指标涉及诸多产品商业部分，在此不做详述。机器学习任务一般可分为分类任务、回归分析、排序任务等。

1．分类任务评估指标

分类任务是最常见的机器学习任务，其主要目的是将数据划分为不同类别。分类任务包括二分类任务与多分类任务。识别垃圾邮件或判定某人是否为潜在用户就是典型的二分类任务；用户画像、辅助诊断系统等的应用属于多分类任务。分类任务评估指标主要有准确率、平均准确率、对数损失函数、精准率-召回率（Precision-Recall）、曲线下面积（AUC）等。

1）准确率

准确率是一个非常直接的评估指标，指的是分类正确的个数与总体个数的比值。但是准确率并不能公正地评估一个模型，其主要原因有两个：第一个是两种分类重要程度不同，如在癌症诊断中，确诊患癌症者中有未患癌症者的情况（假阳性）与确诊未患癌症者中有患癌症者的情况（假阴性），对于患者的意义截然不同；第二个是数据分布不均，如果两个分类的样本的数量相差过大，占有大样本的一方会主导准确率的计算。

2）平均准确率

当每个类别样本数量不一致时，可以使用平均准确率来进行评估。平均准确率是对多个分类的准确率取平均值来对模型进行评估。平均准确率是对整体模型的准确率进行评估，而并非对某一个分类的准确率进行评估。当某个类别样本数量很少时，会造成该类别准确率的方差过大，准确率可靠性降低。

3）对数损失函数

对数损失函数与 Logistic 回归的损失函数非常相似，它们都基于概率估计。对数损失函数通过惩罚错误的分类，实现对分类器准确度（Accuracy）的评估。对数损失函数值最小意味着分类器具有最佳的分类效果，分类器提供的是输入样本所属类别的概率值。对于多分类任务，对数损失函数如式（3.1）所示。

$$L[Y, P(Y \mid X)] = -\log P(Y \mid X) = -\frac{1}{N}\sum_{i=1}^{N}\sum_{j=1}^{M} y_{ij}\log(P_{ij}) \tag{3.1}$$

式中，Y 为输出值；X 为样本的输入变量；L 为损失函数；N 为样本量；M 为类别个数；y_{ij} 为一个二值指标，表示类别 j 是否为输入样本 x_i 的真实类别；P_{ij} 为模型预测样本 x_i 属于类别 j 的概率。

对于二分类任务，式（3.1）可以简化为式（3.2）。

$$L[Y, P(Y \mid X)] = -\frac{1}{N}\sum_{i=1}^{N}[y_i \log P_i + (1-y_i)\log(1-P_i)] \tag{3.2}$$

式中，y_i 为输入实例 x_i 的真实类别；P_i 为预测输入实例 x_i 属于类别 1 的概率。对所有样本的对数损失表示对每个样本的对数损失的平均值，损失函数越小分类器越完美。

4）精确率-召回率

精确率-召回率其实是两个评价指标，但是它们经常同时使用。精确率是指分类器分类正确的正样本个数占该分类器所有分类为正样本个数的比例；召回率是指分类器分类正确的正样本个数占所有正样本个数的比例。相关内容将在后面混淆矩阵中详细介绍。

5）AUC

AUC 的意义为曲线下的面积，所描述的是 ROC 曲线。首先我们需要了解 ROC 曲线是如何绘制的。

ROC 曲线的 x 轴与 y 轴的含义如下。

x 轴：负正类率（False Positive Rate，FPR），表示分类器分类错误的负样本个数占总负样本个数的比例。

y 轴：真正类率（True Positive Rate，TPR），表示分类器分类正确的正样本个数占总正样本个数的比例。

设定一个阈值，大于或等于该阈值的值判定为正类，小于该阈值的值判定为负类，这样每给定一个阈值就可以对应算出一组(FPR,TPR)坐标点。随着阈值的减小，越来越多的实例被划分为正类，但是这些正类中也掺杂着很多本应为负类却被判定为正类的实例，即 TPR 和 FPR 会同时增大。阈值最大时对应的坐标点为(0,0)，阈值最小时对应的坐标点(1,1)。

以下面一个例子解释 ROC 曲线绘制过程，如图 3-32 所示。

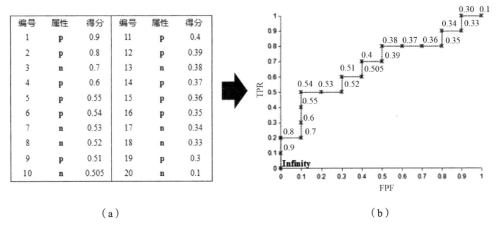

编号	属性	得分	编号	属性	得分
1	p	0.9	11	p	0.4
2	p	0.8	12	p	0.39
3	n	0.7	13	n	0.38
4	p	0.6	14	p	0.37
5	p	0.55	15	p	0.36
6	p	0.54	16	p	0.35
7	n	0.53	17	n	0.34
8	n	0.52	18	n	0.33
9	p	0.51	19	p	0.3
10	n	0.505	20	n	0.1

（a）　　　　　　　　　　　　　　　　（b）

图 3-32　ROC 曲线绘制过程

图 3-32（a）中有 20 个依次编号的样本，属性表示样本的类别，其中 p 代表正样本，n 代表负样本；得分表示样本被判定为正样本的概率。在绘制 ROC 曲线时，每给定一个阈值可计算一次(FPR,TPR)坐标点。对于二分类器，我们可以设定阈值，认为样本中得分大于或等于这个阈值的样本为正样本。由于有 20 个样本，正样本数量为12 个，负样本数量为 8 个，所以阈值可以按照 20 个样本的得分依次进行选取。

假设阈值 1=0.9，即认为得分大于或等于 0.9 的样本为正样本，其余的样本为负样本。根据如图 3-32（a）所示数据与 FPR、TPR 的定义可知：

$$FPR=0$$

$$TPR=0.1$$

可以得到第一个点为(0,0.1)。

假设阈值 2=0.8，即认为得分大于或等于 0.8 的样本为正样本，其余的样本为负样本。根据如图 3-32（a）所示数据与 FPR、TPR 的定义可知：

$$FPR=0$$

$$TPR=0.2$$

可以得到第二个点为(0,0.2)。

依次类推通过设定阈值可以得到 20 个(FPR,TPR)点，从而绘制如图 3-32（b）所示的 ROC 曲线。可见最好的分类器是 FPR = 0、TPR = 1，当然这是一种极端情况。如果要同时比较多个分类器性能，那么通过 ROC 曲线将较难实现，因此我们便选取了 AUC 作为指标进行度量。分类器效果越好，AUC 面积越大。在大多数情况下，AUC 值为 0.5～1。

使用 AUC 对分类器进行评估可以避免样本不均衡的影响。在真实情况下样本不均衡的现象经常出现，有时正样本个数远远多于负样本个数，或正、负样本个数可能随时间而改变，在使用 AUC 进行评估时可以有效避免这些情况的影响。

6）混淆矩阵

混淆矩阵可以关联上述所有概念，是分类结果评估的常用手段。混淆矩阵是一个分类的正误表，二分类任务的混淆矩阵是一个 2×2 矩阵，多分类任务的混淆矩阵是一个 $n×n$ 矩阵，二分类任务的混淆矩阵如表 3-2 所示。

表 3-2　二分类任务的混淆矩阵

分　类	判定为正样本	判定为负样本	合　　计
正样本	真正 （True Positive，TP）	假负 （False Negative，FN）	实际为正样本总和 （TP+FN）
负样本	假正 （False Positive，FP）	真负 （True Negative，TN）	实际为负样本总和 （FP+TN）
合计	预测为正样本总和 （TP+FP）	预测为负样本总和 （FN+TN）	

从混淆矩阵中直接提取的指标称为一级指标，具体含义如下。

真正：分类正确的正样本，即本来是正样本，分类为正样本。

假负：分类错误的正样本，即本来是正样本，分类为负样本。

假正：分类错误的负样本，即本来是负样本，分类为正样本。

真负：分类正确的负样本，即本来是负样本，分类为负样本。

通过明确混淆矩阵的一级指标的含义，可以定义混淆矩阵的二级指标，如表 3-3 所示。

表 3-3　混淆矩阵的二级指标

分　类	公　式	含　义
准确率 ACC	$ACC = \dfrac{TP + TN}{TP + TN + FP + FN}$	所有分类正确的样本占总样本的比例
精确率 PPV	$PPV = \dfrac{TP}{TP + FP}$	分类正确的正样本占全部预测为正样本的比例
灵敏度- 召回率 TPR	$TPR = \dfrac{TP}{TP + FN}$	分类正确的正样本占全部实际为正样本的比例
特异度 TNR	$TNR = \dfrac{TN}{TN + FP}$	分类正确的负样本占全部实际为负样本的比例

对混淆矩阵的二级指标进行组合可以构成混淆矩阵的三级指标，混淆矩阵的三级指标中主要用于模型评估的指标是 F1-score。F1-score 是精确率与灵敏度的调和平均值，可以表示为

$$F1\text{-}score = 2 \times \frac{PPV \times TPR}{PPV + TPR} \qquad (3.3)$$

混淆矩阵可以将诸多概念加以串联，在模型评估中具有重要地位。除此之外，混淆矩阵在试验评估等诸多领域也有广泛用途。

2. 回归分析评估指标

回归分析是确定两种或两种以上变量间相互依赖的定量关系的一种统计分析方法。回归分析在通常情况下是一种预测性建模分析方法，进行回归分析评估的目的在于评估函数是否能较好地拟合数据并尽量避免过拟合现象。回归分析评估中常用的指标包括均方误差（MSE）、平方根误差（RMSE）等。

1）均方误差（MSE）

均方误差用于度量真实值与拟合值的差平方和的均值。构建的模型应使均方误差尽可能小，计算公式如式（3.4）所示：

$$MSE = \frac{1}{m} \sum_{i=1}^{m} \sqrt{(y_i - \hat{y}_i)^2} \qquad (3.4)$$

式中，m 为样本个数；y_i 为样本真实值；$\hat{y}_i$ 为样本拟合值。

2）平方根误差（RMSE）

$$\text{RMSE} = \sqrt{\frac{1}{m}\sum_{i=1}^{m}(y_i - \hat{y}_i)^2} \qquad (3.5)$$

平方根误差最大的缺点是对方差不敏感，对于数据波动很大的情况无法体现在指标上，同时该指标对异常值非常敏感，如果某个异常值对回归值有影响，则会出现较大的误差。

3. 排序任务评估指标

排序任务可以当作一个分类任务来处理，对目标对象进行打分之后按照分数规则返回一个序列结果，在工作中可以通过定义分数规则来确定目标对象属于哪一类。

搜索引擎就是一个典型的排序系统，当输入关键字时，系统按一定顺序返回一系列与关键字相关的搜索结果。搜索引擎对每个关键词有一个打分，即将对象池中的对象分为正类（与查询词相关）和负类（与查询词不相关）。并且每个对象都有一个得分，即其属于正类的置信度，然后按照这个置信度将正类进行排序并返回。另一个和排序有关的场景是用户的个性化推荐。在对用户进行用户画像分析之后打出一系列标签，将推荐的项目按照与标签的相关度进行排序从而可得到给用户推荐的兴趣列表。

在排序任务中有如下几类评估指标。

1）精确率-召回率

精确率-召回率已经在分类任务评估指标中介绍过，这个指标同样可以用于对排序任务进行评估。

在检索系统中，任务排序相当于一个多任务的查询，不同用户输入不同的查询词，返回与每个查询词相关的前 n 个项目，并且加以排序。在计算评估指标值时，需要求每个用户的精确率-召回率的平均值，将平均值作为模型的精确率-召回率对排序模型进行评估。

2）NDCG（Normalized Discounted Cumulative Gain）

在介绍 NDCG 前，先介绍一下 CG（Cumulative Gain）与 DCG（Discounted Cumulative Gain）。

CG 不考虑在搜索结果页面中的位置信息影响，是指在这个搜索结果列表中所有结果的等级对应的得分总和。所以 CG 高只能说明这个搜索结果页面总体的质量比较高，并不能评估这个排序算法的好坏。

所以 CG 用公式表达为

$$CG = \sum_{i=1}^{n} \text{score}(i) \tag{3.6}$$

式中，score(i) 表示搜索列表中每项结果的等级对应的得分。

首先定义 3 个等级的区分：好（Good）、一般（Fair）、差（Bad）。然后赋予 3 个等级对应的得分分别为 3、2、1。如果检索关键字{123}，得到 3 个结果得分为 2、1，则 GC=2+2+1=5。

由于 CG 只能评估整体搜索结果的好坏，无法对排序算法进行评估，所以需要一个新的指标来评估排序算法，DCG 就是这样一个指标。DCG 是每个项目的得分与一个权值的乘积，该权值与位置排序成反比，即位置越近权值越大。

DCG 用公式表示为

$$DCG(i) = \text{score}(1) + \sum_{i=2}^{n} \frac{\text{score}(i)}{\log_2^i} \tag{3.7}$$

式中，score(1) 为序列第一项的打分。

由于采用不同的搜索方式得到的结果不同，所以不同搜索方式的 DCG 很难进行比较。我们可以通过 NDCG 来评价不同检索方式的排序算法。

NDCG 用公式表示为

$$NDCG = \frac{DCG}{IDCG} \tag{3.8}$$

式中，IDCG 是理想的 DCG 值，可以解释为在人工校正后的理想排序情况下计算出的 DCG 值。

NDCG 可以较好地评估排序算法，以 NDCG 为优化目标可以保证搜索引擎在返回结果总体质量好的情况下，把质量更高的结果排在前面。

3.6 沟通——构建人工智能产品的软技能

沟通与产品组织是产品构建过程中一个永恒的话题，特别是产品经理与研发工程师的沟通，在行业中一直是人们谈论的热点。在人工智能产品的构建过程中，沟通与产品组织更加具有专业性与针对性。由于人工智能产品往往与行业紧密相关，跨行业、跨部门合作是构建人工智能产品的一大特点，产品经理只有与研发工程师及产品线上各部门人员达成产品共识，才能保证产品的高效构建。

产品经理只有具有良好的沟通管理能力，才能进行良好的产品组织。沟通需要产品经理从规划、管理、控制等方面与各个角色进行差异化的交流；产品组织需要产品经理对公司战略、产品价值具有深刻的认知，在此基础上产品经理才能更好地完成团队组织与跨团队协作。

有人说产品经理 90%的工作在于沟通，可见沟通对于产品构建的重要性。当今社会上已经没有哪一个产品的构建能够靠某人一己之力完成，特别是人工智能产品的构建，更需要不同部门间的高效协调。人工智能产品经理不但需要具备传统产品经理具备的沟通技巧，还需要针对不同角色进行特异性沟通。所谓特异性沟通，是指用沟通对象的工作语言进行沟通，这是一项很高级的沟通技巧，需要产品经理了解不同角色的工作语言，产品经理相当于一个翻译官，可以将主题与路径针对不同角色自由地进行翻译。能达到这一点自然需要产品经理具有丰富的技术积累，并对产品流程与行业了如指掌。

人工智能产品经理的沟通框架如图 3-33 所示。针对不同角色、不同场景会形成不同的沟通模式，有的沟通模式需要通过制度固定下来才能确保产品线的良性发展。从行业角度来讲，人工智能产品经理需要具有更高的素质、更深入的行业知识，他们需要搭建起行业需求与算法工程师之间的桥梁。

如图 3-33 所示，产品沟通主要分为沟通分析与沟通控制两项基本内容。沟通分析主要包含沟通预测规划、沟通角色分析两方面的内容，在进行沟通分析时需要逐一分析沟通对象与沟通场景来制定不同的沟通方式。沟通控制主要包含沟通边界、情绪控制两方面的内容，通过沟通控制可确保沟通顺畅、合规，从而确保产品构建或项目实施的顺利进行。

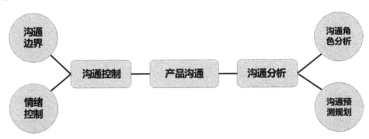

图 3-33　人工智能产品经理的沟通框架

3.6.1　沟通分析

1. 沟通预测规划

从项目管理的角度来说，沟通预测规划主要是对产品或项目干系人进行规划，属于在产品研发或项目实施开始之前对整体开发结构的概览。在早期的规划过程中，产品经理需要对产品或项目研发交付过程制定时间表，产品研发时间表通常很难制定，由于现在无法确定未来的需求走势，所以只需要完成当前预估的产品进度计划，并确定每个时期的干系人，对每个干系人的技能与职责进行划分。如果认识干系人，也可以根据干系人以往的沟通情况预估本项目的沟通情况。在沟通预测规划阶段，需要完成以下两项任务。

（1）填制产品进度表（见表 3-4）。

表 3-4　产品进度表

阶段	主 要 工 作	提交文档（记录）	里程碑	计划起始时间	计划终止时间	实际起始时间	实际终止时间
需求分析	1. 用户痛点分析						
	2. 使用场景						
	3. 商业论证						
	4. 运营计划						
	5. 资源计划						
需求调研	1. 调研方案						
	2. 调研结果						
	3. 可行性论证						
	4. 市场综合测评						

续表

阶段	主 要 工 作	提交文档（记录）	里程碑	计划起始时间	计划终止时间	实际起始时间	实际终止时间
产品设计	1. 业务流设计						
	2. 页面流设计						
	3. 原型设计						
	4. 原型验证						
视觉交互设计	1. 视觉传达分析						
	2. UI 设计						
	3. UE 设计						
算法设计	1. 需求提炼						
	2. 算法设计						
	3. 模型研讨						
开发	1. 模型开发						
	2. 平台开发						
	3. 前端开发						
测试	1. 算法评估						
	2. 算法改进						
	3. 平台测试						
上线与维护	1. 部署						
	2. 运维						

（2）绘制产品干系人分析矩阵（见图 3-34）。

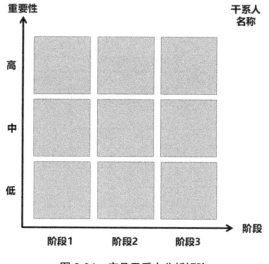

图 3-34　产品干系人分析矩阵

2．沟通角色分析

沟通角色分析是沟通分析中最重要的内容,其中角色是指整个产品构建过程中的干系人,与不同的干系人进行沟通具有不同的思考方式和工作语言,尽量使用该角色的工作语言进行沟通。根据产品干系人分析矩阵可以将干系人分成如图 3-35 所示的角色。

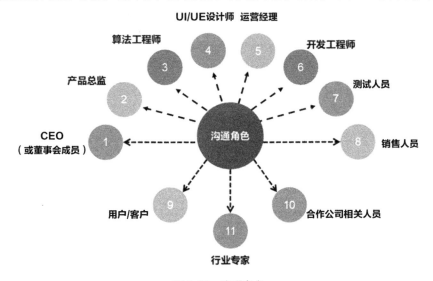

图 3-35　沟通角色

首先我们来讨论产品经理与公司内部人员的沟通情况。

1）与公司高层管理者沟通

（1）CEO（或董事会成员）：CEO（或董事会成员）思考的基本都是公司总体战略或融资情况,因为除他们以外大部分员工并不知道公司战略方向的具体内容,所以产品经理与 CEO（或董事会成员）的沟通多围绕着产品对市场的积极作用及产品为公司投融资带来的影响进行。当然作为普通的产品经理,很难有直接面对 CEO（或董事会成员）汇报的机会,这项工作一般由产品总监来完成。公司高层管理者关注的重点在市场与资本方面,如图 3-36 所示,所以应从资本动向与投入产出比等方面与高层管理者进行沟通。

图 3-36　与公司高层管理者沟通的框架

与公司高层管理者沟通时可以减少对产品细节的描述，更多地从资本层面进行讨论。同时可以沟通自己对未来公司发展的看法，以及认为哪个方向需要提前布局之类的问题。与公司高层管理者沟通时应多使用数据说明自己的观点，特别是在针对投资与市场问题进行讨论时。

（2）产品总监：产品总监是整个公司产品线的负责人，产品经理与产品总监沟通的场景多是汇报工作。产品经理都是非常有想法和个性的人，与产品总监之间存在分歧也是很正常的。不要急于否定产品总监的观点，先确定理解了产品总监的意思之后，再给出自己的想法与解决方案。与产品总监沟通时，切记要给出解决方案和理由，不要只是单纯地指出问题所在。同时注意产品总监的背景，尽量通过与其背景相符的语言进行沟通。如果产品总监是行业专家，就尽量从行业的角度去请教；如果产品总监是技术专家，就尽量用技术语言去让他理解行业。总体来讲，要把握一个主旨：不要希望产品总监帮助你安排好一切，产品经理不是一个被动接受任务的机器。产品经理需要主动提出想法，主动去讨论，主动提出需要产品总监如何帮助自己解决问题。与产品总监沟通的要素如图 3-37 所示。

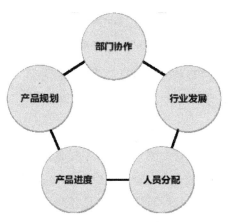

图 3-37　与产品总监沟通的要素

总之，在与产品总监进行沟通时应该多给出问题的解决方案，在讨论产品计划时要有理有据、多用数据说话。

2）与技术人员沟通

产品经理与技术人员沟通的时候在业务方面可能会遇到下面两个问题。

- 产品经理过于重视针对交互与视觉的沟通，而忽略了对业务与市场等背景的解释。

● 技术人员认为技术才是王道，自己不需要懂业务。

产品经理在与技术人员沟通时首先应该向技术人员介绍行业背景与业务。产品经理与技术人员路径如图 3-38 所示。

图 3-38　产品经理与技术人员沟通的路径

● 行业背景：行业的基本情况概述。
● 产品痛点：产品究竟解决了什么问题。
● 市场情况：市场都有哪些。
● 竞品现状：当前市场上有哪些竞品可以参考。
● 用户画像：谁在用这个产品。

行业背景在沟通时极为重要，但又容易被忽略。沟通行业背景是为了提醒技术人员，不要按照技术思考路径来考虑需求。沟通产品痛点主要是阐述产品究竟解决了什么问题，并且可以对市场情况进行简要说明。沟通竞品现状非常重要，可以使技术人员对竞品有一个清晰的认知，在技术或视觉方面也可以进行参考。沟通用户画像主要是为了说明该产品的用户是谁，对用户画像的说明可以使技术人员对产品有一个完整的认知。通过这些内容的沟通可以达到以下三个效果。

● 统一团队方向，使得大家向一个方向努力。团队的协作非常重要，如果技术人员只管技术，认为产品研究是产品经理的事情与自己无关，就会导致产品周期向后拖延，即使产品功能开发完毕也可能与预期不符，团队完全是一盘散沙。
● 对业务的熟悉更容易进行技术或框架的选型。技术人员肯定比产品经理更了解技术，能实现某个功能的技术有很多，技术人员通过对业务的了解，能够更加合理地设计数据库结构，或采用某种技术框架支持未来产品功能扩展。

- 技术人员可能会提出更好的解决方案。人工智能产品具有行业属性才能真正发挥作用，同时人工智能产品也代表着交叉学科的价值。两个完全不同学科的思维模式具有很大差别，也许某个时刻技术人员的逻辑会点亮产品经理的行业模式化思维。多进行学科交流，或许会产生更好的解决方案。

（1）开发工程师：产品经理与开发工程师的沟通是我们重点讨论的问题。这里说的开发工程师不包括算法工程师，与算法工程师的沟通要素后续讲解。产品经理与开发工程师也是最容易发生矛盾的，其主要有以下三个原因。

① 知识体系不同。

非技术出身的产品经理与开发工程师之间有着天然的认知鸿沟，两者由于背景的不同，对于产品功能的认知是截然不同的。产品思维与技术思维具有很大差异，如图 3-39 所示。很多情况下大家都是站在自己的立场上，理所当然地认为别人应该明白自己在说什么，实际上大家都只听了 50%，根本没有沟通到位。

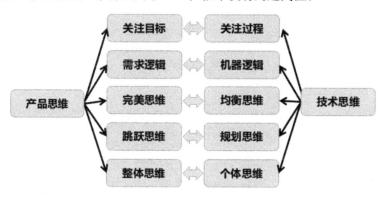

图 3-39　产品思维与技术思维

具有传统互联网思维的人认为了解技术会阻碍产品经理对新产品的创造性，笔者对此持反对的态度。笔者认为虽然不要求产品经理能够亲自写代码，但是产品经理掌握一些技术不但会大大降低与开发工程师的沟通成本，还能够将技术与行业更好地融合从而给产品带来新的发展。就好比交互设计师看到多种动态效果能够激发设计灵感一样。之前笔者在参与一个药物查询系统项目时，在讲清各个字段关系的同时为开发人员提供了一套数据表结构以供讨论，并且使用一对多、多对一、主键、外键这样的语言对行业字段进行了描述，极为高效地确定了整体数据库的数据表结构。所以笔者认为产品经理需要掌握一些 IT 开发的基础知识，这样可以使沟通与产品搭建具有新的视野。产品经理应该了解的部分技术流程如图 3-40 所示。产品经理应注意，了解技术是好的，但是应尽量避免将全部精力都用于技术学习。产品经理更应该作为行业专家、需求的挖掘者、市场的分析者、优秀的管理者，这样才能构建出优秀的产品。

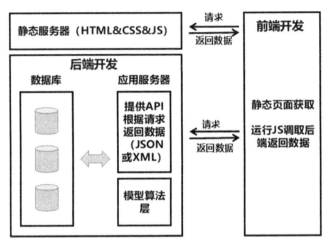

图 3-40　产品经理应该了解的部分技术流程

② 产品细节与产品功能边界不清。

产品细节与产品功能边界问题是产品经理与开发工程师最容易产生矛盾的地方，一份产品经理认为书写得很完善的产品需求文档或许在开发人员眼中漏洞百出。产品经理的经验高低，在很大程度上也表现在产品功能边界的控制上。例如，设计一个用户登录功能，要注意如图 3-41 所示的登录功能的边界问题。

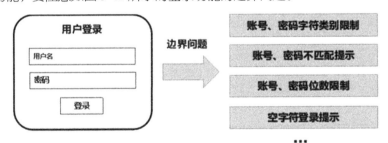

图 3-41　登录功能的边界问题

在产品开发过程中会有大量的"坑"需要大家注意，产品经理应该尽可能地去表明产品功能边界的约束，一定要避免开发人员自己进行发挥，或者无限制地过来找自己沟通需求。但是很多技术出身的产品经理都无法把所有产品细节在产品评审之前标明，更别提非技术出身的产品经理了。所以开发工程师也要具有同理心，不能把自己当成一个单纯的执行人员。

产品功能边界预估困难，有一个机制可以减少产品经理与开发人员的沟通不畅情况，即三次评审机制，如图 3-42 所示。这个机制是笔者在公司中长期使用的，并取得了良好的效果。一般来讲，进行产品规划至少提前 3 个版本或更多，产品需求文档的评审与技术预估至少提前 2 个版本。例如，在 V1.3 发布的时候，可以进行 V1.5 产品需求文档的评审与技术预估，V1.5 的产品需求文档需要进行三次评审。第一次评审主要沟通需求，需要产品经理进行详尽的产品需求文档讲解，开发工程师从技术角度提出各种问题，产品经理对于无法解答的问题要一一记录下来，会后继续思考、完善。第二次评审产品经理需要针对上次评审中开发工程师提出的疑问或给出的修改建议做出回应。第三次评审需要解决所有问题，双方达成一致准备开发。三次评审必须在 V1.4 发布前完成，而且每次评审都需要谨慎对待，避免把责任推到下一次会议上。

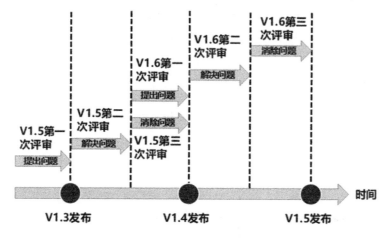

图 3-42　三次评审机制流程

③ 结论无记录。

无论是互联网行业还是其他行业，所有结论性的东西一定要记录在案，特别是一些重大变更，如登录流程改变、页面设计变更等，结果一定要以发邮件的方式进行双方确认，并抄送给团队负责人。这不单纯是沟通的问题，更是对自我的保护。

（2）算法工程师：算法工程师也是开发工程师的一种，上述与开发工程师沟通应注意问题都适用于算法工程师。但是在人工智能产品中，算法工程师更偏重于算法研究，具有核心地位。产品经理是行业的需求方，一定要与算法工程师紧密配合才能做出优秀的人工智能产品。算法工程师要利用现有数据建立模型、优化模型，在这个过程中要与行业知识紧密相连，所以产品经理需要理解模型，算法工程师也需要理解行业。产品经理与算法工程师的沟通可以分为 4 个环节，如图 3-43 所示。

图 3-43　产品经理与算法工程师的沟通

① 产品目标。

产品经理首先要与算法工程师沟通产品要达成什么样的目标。例如，我们需要设计一个药物分子逆合成分析系统，或者需要设计一款针对非小细胞肺癌的人工智能辅助病理影像分析系统。以上描述的两个产品读者也许感到很陌生，算法工程师同样会感到陌生，所以产品经理需要进一步解释产品目标。

② 行业沟通。

在沟通了产品目标后，需要沟通产品的行业背景。算法工程师由于对行业不了解，所以并不知道这个产品有什么作用。在这个环节中产品经理需要分两个方面进行说明。

● 行业需求。
● 产品使用场景。

算法工程师需要了解当前的行业需求，以及后续还可能有什么样的需求，这些信息都会影响后续算法的构成或数据库结构的设计等。产品经理可以将产品的使用场景当作背景知识对算法工程师进行介绍，算法工程师只有相对完整地对产品进行认知后，才能较好地实现产品开发。

③ 数据沟通。

产品经理需要告诉算法工程师哪些字段有用，以及应用路径是什么。在介绍产品目标之后，双方都会关注数据资源情况。产品经理需要与算法工程师沟通以下 5 个要素，这些要素可以分为数据背景、数据业务、数据感知 3 类内容依次讨论，也符合人对事物的认知过程，如图 3-44 所示。

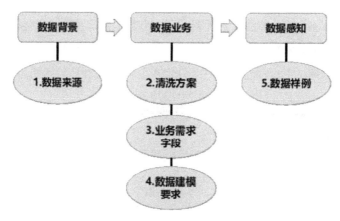

图 3-44 数据沟通要素

④ 算法沟通。

在进行完上述 3 个方面的沟通之后，算法工程师应该明确了产品经理的需求，并能够设计出相对合理的算法路线与模块搭建框架，算法沟通的重点在于使产品经理理解算法工程师的算法实现方式。

在进行算法沟通时，产品经理需要与算法工程师沟通清楚算法每个模块的具体功能在整体算法效果中的贡献。如果使用开源控件，算法工程师要与产品经理讨论如何对开源控件进行修改以实现本产品的功能；如果算法工程师自己编写算法，需要明确产品功能后再进行编写。

3）与 UI 设计师和 UE 设计师沟通

（1）UI 设计师：UI 设计师的产出物直接面向用户，人都是视觉动物，产品的界面在某些程度上代表了公司对产品的整体定位。在与 UI 设计师沟通中，重要的是传达产品的价值，主要分为以下 4 个方面

- 产品功能。
- 用户画像。
- 使用场景。
- 企业形象。

在产品页面设计中，产品功能是首先要考虑的内容，产品功能决定了页面的基本形态布局；用户画像是产品经理与 UI 设计师沟通的另一个要素，产品经理需要告诉 UI 设计师用户画像的每个细节，包括年龄阶段、兴趣偏好等。这些都是 UI 设计师设

计界面不可或缺的信息；UI 设计师了解产品使用场景可以设计出具有较高用户体验的界面，如导航系统的日间模式和夜间模式等；产品界面同样代表企业形象，界面设计可以传达出公司对自身产品的定位。

产品经理应与 UI 设计师充分交流产品内涵，产品经理交付给 UI 设计师的原型更多的是用于进行功能的传达。产品经理不要在 UI 设计师工作过程中指手画脚、干扰对方，有问题可以在中期讨论会中提出。在界面最终评审会之前，可以安排 1~2 次中期讨论会，以确保双方对产品的理解达成一致。

（2）UE 设计师：UE 设计师在产品构建过程中起到了重要的作用，但很多创业公司没有 UE 设计师，经常是产品经理在做 UE 设计师的工作。在这里重申一下各个角色的工作职责，产品经理主要负责产品需求方面的工作，从用户到市场再到需求；UE 设计师负责将产品传达的信息呈现给用户，更专注于如何组织页面的逻辑，以及提高用户体验或增加用户的付费意愿等。

产品经理与 UE 设计师交流的内容和与 UI 设计师交流的内容大致相同，分为产品功能、用户画像、使用场景、产品意图，其中企业形象变更为产品意图。产品意图主要是指告诉 UE 设计师某些重点页面需要传达什么样的信号。例如，付费页面的产品意图是让用户尽快付费，减少用户思考是否付费的时间。

当然，一个好的产品视觉与体验需要产品经理组织 UI 设计师和 UE 设计师共同完成，在此期间需要多方充分沟通，才能设计出优秀的产品。

4）与市场人员沟通

（1）运营经理：产品经理负责产品构建，运营经理负责产品成长，他们之间的关系就好比生孩子与养孩子的关系。产品经理与运营经理必须实时沟通才能让产品正常成长。在笔者看来，运营经理与产品经理对产品的认知差别并不大，就像孩子的父母，只是分工不同罢了。

产品经理与运营经理的沟通如图 3-45 所示。与其说产品经理与运营经理的沟通，不如说运营经理需要主动与产品经理沟通。运营经理负责监测市场上所有的产品反馈并将其告之产品经理，如用户评论、数据分析报告等，这些内容都可以帮助产品经理对产品进行改进。特别是人工智能产品，有些反馈会使产品经理关注一些之前忽略的数据字段，然后重新对模型进行评估与改进。

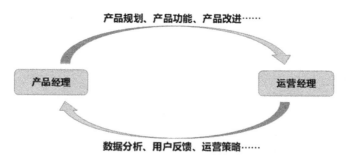

图 3-45　产品经理与运营经理的沟通

（2）销售人员：产品经理与销售人员进行沟通时要把握销售人员的关注点，也就是用户的关注点。所以产品经理与销售人员的沟通存在 3 个要点——用户画像、产品价值、营销建议，如图 3-46 所示。

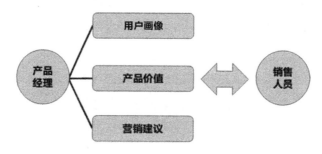

图 3-46　产品经理与销售人员的沟通

销售产品的关键是给用户讲清产品能够提供什么价值，产品经理需要确保销售人员完全理解产品的每个细节。针对用户画像的沟通仅限于销售人员刚刚涉足该行业的阶段，在熟悉行业之后，销售人员是最了解用户画像的人。在产品销售的过程中，会不断地有用户反馈，产品经理要虚心向销售人员询问用户的反馈以便改进产品。

下面我们来讨论产品经理与公司外部人员的沟通情况。

（1）用户或客户：产品经理一定要与用户尽可能多地进行沟通，以更好地体会产品的不足，从而促进产品未来的发展。

微软高管萨提亚·纳德拉（Satya Nadella）曾经说过，在他多年的职业生涯中，每个月都要去做几天客服，这样才能直面用户去倾听用户对产品的真实反馈。的确，用户对产品的感知与构建者完全不同。认真设计每次用户访谈、认真收集每份用户问卷都对产品构建有极大的帮助，可以设计如表 3-5 所示的用户满意度调查表来进行用户满意度调查。

表 3-5　用户满意度调查表

用户满意度调查表					
用户姓名：					
用户电话：					
功能项	非常满意	满意	一般	不满意	非常不满意
功能 1					
功能 2					
功能 3					
功能 4					
功能 5					
功能 6					
功能 N					

（2）合作公司相关人员：自己公司与合作公司进行的一般都是能力互补、可以双赢的合作，双方沟通的重点是基于双方优势的合作策略。在沟通之前首先确定以下几个问题。

- 自己公司的优势及对方公司的优势。
- 自己公司能给对方公司带来什么及对方公司能给自己公司带来什么。

与合作公司相关人员进行沟通不仅要从产品的角度出发，还要基于公司对于未来发展的预期，以及公司战略的整体规划，其中有大量战略方案的制订是从资本的角度出发的。

（3）行业专家：行业专家是产品经理努力的方向，但毕竟还有很多问题需要向行业专家请教。在与行业专家沟通时，要虚心请教，多思考如何进行 IT 方面的转化。行业专家也是行业内的资深用户，如果有机会与行业专家多次见面可以利用量表的方式对其进行产品调研，可以设计如表 3-6 所示的专家咨询表记录咨询的内容。

表 3-6　专家咨询表

专家咨询表			
专家姓名		擅长领域	
咨询人姓名		咨询方向	
问题 1		专家意见	
问题 2		专家意见	
问题 N		专家意见	

3.6.2 沟通控制

沟通控制是指在整个产品周期中对所有沟通进行监督，并使所有沟通全程可控。沟通控制的主要作用是确保沟通者之间信息互换的最优化，之前提到的结论需要记录也属于沟通控制的内容。

沟通控制是在沟通分析的基础上展开的，通过沟通分析获得沟通预测规划与沟通角色分析信息，就不同角色形成特异性沟通机制。沟通控制分为沟通边界与情绪控制两方面的内容。沟通边界是指在沟通时要确定双方的职责边界，既要完成自己的工作，又不要过多干涉对方的业务；情绪控制是指在与人沟通时，需要对自己情绪进行一定的管理。在产品构建工作过程中，不良的情绪会带来不必要的麻烦，甚至会使沟通双方产生矛盾。

1. 沟通边界

沟通边界主要有以下三个原则需要遵守，如图 3-47 所示。底线原则是指对自我观点的坚持；自控原则是指在沟通过程中需要自我控制；协调原则是指在沟通过程中尽量求同存异，在坚持底线与自我控制的同时使沟通能够达成一致性意见。

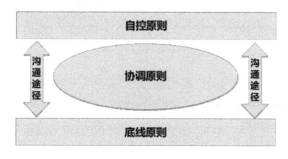

图 3-47 沟通边界的原则

底线原则主要体现在产品经理与程序员的需求沟通方面，人工智能产品经理与算法工程师的沟通中也会存在这个问题。产品经理在与技术人员沟通时经常得到"这个需求做不了""这个精度达不到"这样的回复，产品经理如果没有技术背景就完全无法反驳，这个问题也是程序员与产品经理的矛盾根源所在。对于深思熟虑过的必要需求，产品经理应该坚持自己的底线。与程序员沟通时需要讲明需求的必要性，并充分讨论版本开发的周期，从原则上来讲在时间足够的前提下绝大部分需求是可以完成的。对于人工智能产品经理而言，坚持底线首先需要自己评估技术的可行性。当被告知无法达到模型精度的时候，共同讨论模型的合理性或者与开发工程师一起更改算法。底线原则的重点是与技术人员沟通的合理安排，切忌在沟通过程中按照技术能力进行需求删减。

自控原则主要是指不要超出自己的工作范围去干涉其他人的工作，从做技术人员转做产品经理的朋友最容易忽视自控原则。笔者之前遇到过一个产品经理，他的能力非常强，不但能提出需求，甚至能亲自定义接口文档。最后的结果就是程序员非常轻松，直接拿着文档照着开发，所有的事项都在过问这位产品经理。如此一来不但产品经理的工作非常繁重，也增加了出错的概率，而且如果有错误在产品需求文档中写得很清楚，只能由这位产品经理来承担责任。对于超出自己工作范围的工作可以进行建议式的沟通，而不是告诉对方应该如何去做。自控原则在人工智能产品中体现在模型目标的达成方面。人工智能产品经理对于模型精度都有很高的要求，并且追求完美，这种追求在与算法工程师的沟通中存在潜在的风险。自控原则要求产品按照之前规划的时间迭代，如果模型达到要求精度即可以发版，不必刻意追求完美的精度。因为后期的精度提高性价比极低。

协调原则是指在遵守底线原则与自控原则的基础上，与产品其他相关人员的协同沟通。其他相关人员包括用户、CEO 或者其他高管。几乎所有的产品经理都遇到过在即将发版的时候，CEO 或者其他高管匆匆忙忙地跑过来告诉你需要加一个需求并且还要在计划时间内准时发版。这无疑是一件很令人崩溃的事情，应对这种事件需要一个协调机制。给大家推荐一个笔者之前设计的一个协调机制——CEO 特权机制。所谓的CEO 特权是指 CEO 或者 CEO 确认过的人在每个版本开发过程中拥有 3 次插入需求的机会，并且这个需求需要经过评估，并且根据时间的推移越接近发版时间插入需求的机会越少。协调原则确保了沟通边界的清晰、准确、有序，也能使产品相对准确的按照计划开发，减少外界突发情况的影响。

2．情绪控制

情绪控制的问题其实不用多讲，互联网业界关于产品经理与程序员冲突的例子很多。产品经理是桥梁，连接着技术人员、测试人员、UI/UE 设计师、运营人员、销售人员、CEO 等，每天会和各个角色打交道，在这个过程中难免会产生情绪。容易发脾气的场景太多，所以一个成功的产品经理一定要能管理自己的情绪。

情绪控制要注意两个方面——情绪表达和情绪约束。

情绪表达是外在体现，即使你内心无比激动，外表心平气和也不会出什么太大问题。情绪表达主要体现在以下三个方面：语言表达、行为表达、潜意识表达。只有明确了情绪的表达方式，才能有的放矢地进行情绪控制。

情绪约束主要就是针对上述三种情绪表达的方式进行控制。很多心理学书籍介绍过很多方法来控制情绪，但在笔者看来较为有效的方法是"慢"行动，如图 3-48 所示。当发生争吵或意见不统一时，一定要慢下来，语速变慢、动作变慢，在说话前需要停顿 2 秒再张口。只要能够养成这个习惯，能够避免 90% 的情绪失控。

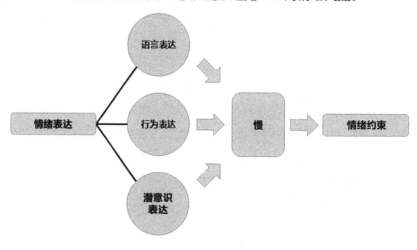

图 3-48　情绪控制关系图

总而言之，沟通是产品经理的基本技能。沟通有多高效、顺畅在于产品经理能够准备多少论据、落实多少方案。只有慢下来做足工作、思考周密、设计合理，才能给产品构建工作带来真正的顺畅。

参考文献

[1] Ammar Ron, Smith Andrew, Heisler Lawrence, et al.. A comparative analysis of DNA barcode microarray feature size[J]. BMC Genomics, 2009(1).

[2] Saxena Amulya. Tissue engineering: Present concepts and strategies[J]. Journal of Indian Association of Pediatric Surgeons, 2005(1).

[3] Chow Chi Kin, Zhu Hai Long, Lacy Jessica, et al.. Error margin analysis for

feature gene extraction[J]. BMC Bioinformatics, 2010(1).

[4] Shailendra Singh, Sanjay Silakari. An ensemble approach for feature selection of Cyber Attack Dataset[J]. International Journal of Computer Science and Information Security, 2009(2).

[5] D. Lefkaditis, G. Tsirigotis. Morphological feature selection and neural classification[J]. Journal of Engineering Science and Technology Review, 2009(1).

[6] Xiao Jiamin, Li Yizhou, Wang Kelong, et al.. In silico method for systematic analysis of feature importance in microRNA-mRNA interactions[J]. BMC Bioinformatics, 2009(1).

[7] Tautenhahn Ralf, Böttcher Christoph, Neumann Steffen. Highly sensitive feature detection for high resolution LC/MS[J]. BMC Bioinformatics, 2008(1).

[8] Liu Qingzhong, Sung Andrew, Qiao Mengyu, et al.. Comparison of feature selection and classification for MALDI-MS data[J]. BMC Genomics, 2009(Suppl+1).

[9] Tyagi Parimala, Dhindsa Manpreet. Tissue engineering and its implications in dentistry[J]. Indian Journal of Dental Research, 2009(2).

[10] Yu-Lung Lo, Chun-Hsiung Wang. Economical Structure for Multi-feature Music Indexing[J]. Lecture Notes in Engineering and Computer Science, 2008(1).

[11] Ali A. Al-Subaihi. Variable Selection in Multivariable Regression Using SAS/IML[J]. Journal of Statistical Software, 2002(12).

[12] Ioannis Ntzoufras. Gibbs Variable Selection Using BUGS[J]. Journal of Statistical Software, 2002(7).

[13] McCouch Susan. Diversifying Selection in Plant Breeding[J]. PLoS Biology, 2004(10).

[14] Siddeswara Mayura Guru, Arthur Hsu, Saman Halgamuge, et al.. An Extended Growing Self-Organizing Map for Selection of Clusters in Sensor Networks[J]. International Journal of Distributed Sensor Networks, 2005(2).

[15] Fehim Findik. A Case Study on the Selection of Materials for Eye Lenses[J]. ISRN Mechanical Engineering.

[16] Patrice Humblot, Daniel Le Bourhis, Sebastien Fritz, et al.. Reproductive Technologies and Genomic Selection in Cattle[J]. Veterinary Medicine International..

[17] Narender P. Van Orshoven, Paul A. F. Jansen, Irène Oudejans, et al.. Postprandial Hypotension in Clinical Geriatric Patients and Healthy Elderly: Prevalence Related to Patient Selection and Diagnostic Criteria[J]. Journal of Aging Research..

[18] Adetunmbi A.Olusola, Adeola S.Oladele, Daramola O.Abosede. Analysis of KDD'99 Intrusion Detection Dataset for Selection of Relevance Features[J]. Lecture Notes in Engineering and Computer Science, 2010(1).

[19] Lawton B, Reid P, Cormack D, et al.. Māori women and menopause[J]. Pacific health dialog, 2002(1).

[20] Cormack D. Time-lapse characterization of erythrocytic colony-forming cells in plasma cultures[J]. Experimental Hematology, 1976(5).

[21] Cormack D. Psychiatric nursing in the USA[J]. Journal of Advanced Nursing, 1976(5).

[22] Cormack D. Directing your career[J]. Nursing standard (Royal College of Nursing).

[23] Cormack D, Hunsberger L. The consultant nurse[J]. Nursing mirror, 1984(20).

[24] Difference between: PM methodologies, methods, frameworks and Bodies of Knowledge[J]. BoK, 2016(9).

[25] Alice Zheng. Evaluating Machine Learning Models[M]. O'Reilly Media, 2015.

[26] Fawcett T. An introduction to ROC analysis[J]. Pattern Recognition Letters, 2006(27).

[27] 高培培. 大数据时代的高校图书馆数据管理研究[J]. 计算机知识与技术，2015(29).

[28] 王雪枝. 大数据时代图书馆数据驱动服务模式的构建[J]. 科技风，2013(20).

[29] 卢志云. 大数据境遇下预算执行审计的转型和发展[J]. 产业与科技论坛，2017(08).

[30] 陈晓雁，沈文华，陈群，郭徽砚. 基于大数据的银行业管理路径探索[J]. 价

值工程，2014(01).

[31] 姚旭，王晓丹，张玉玺，等. 特征选择方法综述[J]. 控制与决策，2012(27).

[32] 赵娟，程国钟. 基于 Hadoop、Storm、Samza、Spark 及 Flink 大数据处理框架的比较研究[J]. 信息系统工程，2017(06).

[33] 张展彬，赵泽毅. 浅谈大数据时代下的特种设备信息化发展[J]. 中国新通信，2017(14).

第 4 章

产品中的人工智能算法

↘ 4.1 算法概述

↘ 4.2 基于线性模型构建用户画像

↘ 4.3 图像的处理原理

↘ 4.4 自然语言处理与文本挖掘

↘ 4.5 阿尔法狗系统的原理

↘ 4.6 机器的逻辑推断

4.1　算法概述

在人工智能发展的初期，人们追求发明像人类一样具有智慧的机器，这就是强人工智能的概念。专家系统的出现表明，人工智能应用于特定行业、领域给人工智能的发展带来了新的机遇。1980 年之后，机器学习逐步成为人工智能研究的核心问题，人们开始研究如何利用计算机模拟人类智慧，并通过不断迭代来提高算法的性能。2000年以来，神经网络高速发展，随着神经网络层数的不断增多，基于多层感知机构建的深度学习模型已经成功解决了图像识别、语音识别、自然语言处理等诸多领域的关键问题。随着互联网时代的发展，大量专业数据用于模型训练，甚至出现了系统根据数据特点生成新数据用于模型训练的对抗网络模型。算法建模过程如图 4-1 所示。

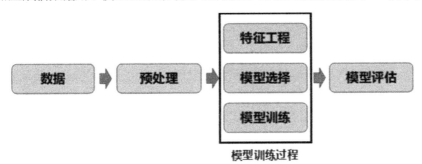

图 4-1　算法建模过程

算法的种类很多，目前业界的分类方法也各不相同。按照机器学习方式分类，可分为监督学习算法、无监督学习算法、半监督学习算法、强化学习算法；按照模型分类，可分为统计学习算法与深度学习算法；按照学习模式分类，可分为规则学习算法、集成学习算法、迁移学习算法等。这些分类方法多有交叉，本节仅对算法进行简述，具体的算法内容后续会结合实际场景进行讲解。

1. 基于机器学习方式分类的算法

1）监督学习算法

监督学习是一类利用已标注的数据进行训练的过程，所有的数据都要进行标注。

监督学习由于使用已标注数据运行训练，所以学习效率相对较高。常见的监督学习算法包括人工神经网络、贝叶斯、决策树、线性分类等。

2）无监督学习算法

无监督学习与监督学习最大的区别是，用于训练的数据是没有进行标注的原始状态的数据。无监督学习用于探索数据中隐含的信息或者探究数据的内在关系。无监督学习的学习效率低于监督学习的学习效率。常见的无监督学习算法有关联规则学习（Association Rule Learning）、聚类分析（Cluster Analysis）等。

3）半监督学习算法

半监督学习处于监督学习与无监督学习之间，所给的训练数据标注并不完全，其中有一些没有标注。常见的两种半监督学习算法是直推学习（Transductive Learning）和归纳学习（Inductive Learning）。

4）强化学习算法

强化学习过程可以理解为一个试错、优化的过程，机器通过不断地试验、反馈，最后得到最优路径。强化学习可以利用马尔可夫决策过程（Markov Decision Process）进行描述，较常用的无模型强化学习算法包括蒙地卡罗方法（Monte Carlo Method）、时间差分学习（Temporal Difference Learning）、异步强化学习（Asynchronous Reinforcement Learning），以及相对较新的模仿学习（Imitation Learning）、逆强化学习（Inverse Reinforcement Learning）等。

2. 基于模型或学习模式分类的算法

1）深度学习算法

深度学习算法源于神经网络，是利用多层非线性函数构成多个处理层，对数据进行深层抽象的算法描述，这个概念在 1.4 节中已进行了详细说明。常见的深度学习算法包括深度信念网络（Deep Belief Network）、深度卷积神经网络（Deep Convolutional Neural Network）、深度递归神经网络（Deep Recurrent Neural Network）、分层时间记忆（Hierarchical Temporal Memory）、深度玻尔兹曼机（Deep Bottzmann Machine）、堆叠降噪自动编码器（Stacked Denoising Auto Encoder）、生成式对抗网络（Generative Adversarial Network）等。

2）规则学习算法

规则学习（Rule Learning）也称原理学习、法则学习。当原理或定律指导人按照原理或定律办事时，原理或定律就变成了规则。规则学习是指从训练集中获得明确的逻辑规则，并进行应用。与神经网络等黑盒模型相比，规则学习算法具有很好的解释性，可以让用户直观地通过逻辑明确所有过程。

3）集成学习算法

集成学习（Ensemble Learning）通过构建多个机器学习任务来构建多分类器系统。先产生多个个体学习器（Individual Learners），再用某种策略将其结合起来。集成学习通过将个体学习器结合起来，获得比个体学习器的性能更优越的泛化性能。若个体学习器之间存在强依赖关系，则串行生成 Boosting 算法；若个体学习器之间存在弱依赖关系，则并行生成 Bagging 算法与随机森林（Random Forest）算法。

4）迁移学习算法

迁移学习是指将已经训练好的模型的参数转移到新模型上，帮助新模型进行训练。在样本充足的条件下训练出的模型的参数可以帮助样本不足的模型进行训练。常见的迁移学习算法包括归纳式迁移（Inductive Transfer）学习、直推式迁移（Transductive Transfer）学习、传递式迁移（Transitive Transfer）学习、无监督迁移（Unsupervised Transfer）学习等。

机器学习有诸多算法，但作为初学者应把握一点，机器学习算法无非能解决两类问题——分类问题与预测问题。很多现实中的问题都可以划分为分类问题和预测问题去解决，如图像识别问题就是一类很典型的分类问题，商品推荐系统可以视为一类预测问题。

解决一个问题可以使用多种算法。例如，解决分类问题可以使用决策树、线性回归、神经网络等多种算法，但具体使用哪种算法分类更精准，还需要根据使用场景、数据类型等情况来进行判断。正如笔者经常举的一个例子，算法就像积木，解决问题就是将积木搭建成自己想要的样子。

本章的主要目的不是向大家介绍机器学习算法，而是让大家体会在具体的应用场景中如何利用算法来解决问题。本章列举了 5 个应用场景，在这 5 个应用场景中需要用到多种算法的组合及一些数据处理方法，同时结合应用场景讲述算法的基本实现原理。

4.2 基于线性模型构建用户画像

用户画像是通过对用户的行为、属性、偏好等信息进行抽取而得到的标签化的用户模型。标签化是指对用户特征进行提炼，通过这种标签化方法能够更好地进行用户区分。

利用用户画像不仅可以提高用户服务质量，还可以创造新的商业模式，具体体现在以下 4 个方面。

（1）精准营销：对用户进行标签化分类后，可以针对特定用户采用不同的营销手段。

（2）数据挖掘：以用户画像为基础构建推荐系统、搜索引擎、广告投放系统，从而提升服务精准度。

（3）产品服务：基于用户画像，了解不同用户使用产品的动机及习惯，完善产品运营系统，提升产品服务质量。

（4）行业用户研究报告：通过对用户画像进行分析可以了解行业动态，如人群消费习惯及消费偏好、不同性别或不同地域的人的品类消费差异等。

构建用户画像本质上是一个分类问题，几乎所有的机器学习算法都可以作为这个问题的解决方案，所以用户画像可以使用多种机器学习算法构建得很复杂。用户画像构建路径与实现算法如图 4-2 所示。

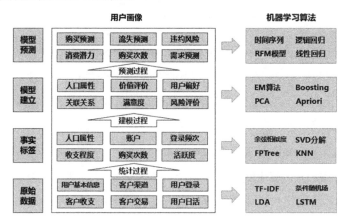

图 4-2　用户画像构建路径与实现算法

本节主要通过构建用户画像的基本过程，阐述线性分类算法的应用。线性分类算法有很多种，其中较基础的有线性回归（Linear Regression）、逻辑斯蒂回归（Logistic Regression）、聚类算法。线性回归中的最小二乘思想是整个线性分类体系的基础。

【例】某网站 100 个用户的行为数据如表 4-1 所示，其中包括网站访问情况及消费情况，根据这些数据构建用户画像。

表 4-1　某网站 100 个用户的行为数据

用户 ID	服装类页面 PV	化妆品类页面 PV	零食类页面 PV	母婴类页面 PV	总消费额（元）
P1	55	12	56	34	710
P2	34	0	77	41	1500
P3	52	45	83	89	140
P4	65	12	0	23	800
P5	63	90	46	69	850
P6	57	67	65	66	210
P7	76	2	32	47	90
P8	23	88	65	0	950
P9	45	53	75	94	520
P10	34	89	0	0	220
P11	54	0	27	78	300
P12	3	86	14	36	400
P13	86	104	20	0	2240
P14	54	6	33	35	50
P15	46	11	60	1	600
⋮	⋮	⋮	⋮	⋮	⋮
P100	55	21	72	141	500

根据表 4-1 中的数据构建用户画像，快速确定用户的消费类别，具体的构建过程在 4.2.1 节中介绍。本例使用多元线性回归算法构建用户画像。

4.2.1　线性回归

线性回归算法是最常用的一类机器学习算法，其方程一般表示为

$$y = a_1 x_1 + a_2 x_2 + a_3 x_3 + \cdots + a_n x_n + b \qquad (4.1)$$

需要将多个样本数据代入式（4.1），训练出 $a_1, a_2, a_3, \cdots, a_n$ 与 b 才可以确定线性回归模型。其中，$a_1, a_2, a_3, \cdots, a_n$ 具有丰富的内涵，可以代表 n 个属性的权重估计，也可以代表相应的样本在样本空间中的特征向量。对应上面的例子，a_1, a_2, a_3, a_4 可以理解为 4 类 PV 的权重，也就是这 4 类 PV 对总消费额的贡献。非技术背景的产品经理可以将学习线性回归模型作为了解人工智能技术的第一课。

首先考虑最简单的一元线性回归问题，即

$$f(x) = ax + b \tag{4.2}$$

设有 n 个独立的训练样本，记为 $E = \{(x_i, y_i)\}_{i=1}^n$，这些训练样本在平面中构成 n 个点。通过这些训练样本找到一条直线，使得该直线尽可能代表所有点的分布趋势。找到这条直线的关键在于选出使各个点到直线的垂直距离最短的那条直线，即使 $f(x_i)$ 与 y_i 的差的平方和最小，其公式可表示为式（4.3），这种思想就是最小二乘思想。从图 4-3 中可以看出，直线 B 更能代表点群的分布趋势。

$$(a, b) = \arg\min \sum_{i=1}^n [f(x_i) - y_i]^2 \tag{4.3}$$

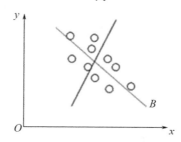

图 4-3　线性回归的几何表示

求极值问题一般通过求导来完成，对式（4.3）求导，可得到如下方程组：

$$\begin{cases} \dfrac{\partial \sum_{i=1}^n [f(x_i) - y_i]^2}{\partial a} = \dfrac{\partial \sum_{i=1}^n [ax_i + b - y_i]^2}{\partial a} = 2\left[a\sum_{i=1}^n x_i^2 - \sum_{i=1}^n (y_i - b)x_i \right] = 0 \\[4mm] \dfrac{\partial \sum_{i=1}^n [f(x_i) - y_i]^2}{\partial b} = \dfrac{\partial \sum_{i=1}^n (ax_i + b - y_i)^2}{\partial b} = 2\left[nb - \sum_{i=1}^n (y_i - ax_i) \right] = 0 \end{cases} \tag{4.4}$$

解方程组，可得

$$a = \frac{\sum_{i=1}^{n} y_i \left(x_i - \frac{1}{n} \sum_{i=1}^{n} x_i \right)}{\sum_{i=1}^{n} x_i^2 - \frac{1}{n} \left(\sum_{i=1}^{n} x_i \right)^2}$$

$$b = \frac{1}{n} \sum_{i=1}^{n} (y_i - ax_i) \tag{4.5}$$

其实上述公式并不复杂，描述的是一般性的情况，只要认真阅读就能够理解。利用上述公式可以解决例子中用户画像的相关问题，如可以研究服装类页面 PV 与总消费额的关系。

设线性回归方程为

$$f(x) = ax + b$$

由于要研究的是服装类页面 PV 与总消费额之间的关系，所以设总消费额为 y，服装类页面 PV 为一个属性值 x。将 100 个用户的数据代入式（4.5）得

$$a = \frac{\sum_{i=1}^{n} y_i \left(x_i - \frac{1}{n} \sum_{i=1}^{n} x_i \right)}{\sum_{i=1}^{n} x_i^2 - \frac{1}{n} \left(\sum_{i=1}^{n} x_i \right)^2} = \frac{y_1 (x_1 - \bar{x}) + y_2 (x_2 - \bar{x}) + \cdots + y_{100} (x_{100} - \bar{x})}{(x_1^2 + x_2^2 + \cdots + x_{100}^2) - 0.1 \times (x_1 + x_2 + \cdots + x_{100})^2} = 12.55$$

$$b = \frac{1}{n} \sum_{i=1}^{n} (y_i - ax_i) = \frac{1}{100} [(y_1 - ax_1) + (y_2 - ax_2) + \cdots + (y_{100} - ax_{100})] = 0.11$$

由此可知，线性回归方程为

$$y = 12.55x + 0.11$$

线性回归方程的假设检验、残差分析等内容可以查阅相关书籍深入了解。

一元线性回归是线性回归中最简单的一种分析方法，在很多情况下会有多个属性影响样本的研究数据。例如，研究服装类页面 PV、化妆品类页面 PV、零食类页面 PV、母婴类页面 PV 四个属性与总消费额之间的关系，就需要利用多元线性回归方法来进行分析。一般来讲，n 个属性可构成一个 n 维的样本空间，多元线性回归方程表示的正是在 n 维的样本空间中距离研究样本最近的线性流形。

多元线性回归方程一般表示为

$$y = A_1 x_1 + A_2 x_2 + \cdots + A_n x_n + A_0 \tag{4.6}$$

式中，$x_1, x_2, \cdots, x_n$ 为样本数据，用于确定 $A_1, A_2, \cdots, A_n, A_0$ 的值。

多元线性回归方程的计算比一元线性回归方程的计算要复杂一些，但是基本原理是相似的。多元线性回归方程可通过矩阵运算得到预期系数。

与一元线性回归方程类似，$f(x_i)$ 表示将变量 $x_1, x_2, \cdots, x_n$ 代入方程求出的计算值，y_i 表示真实产生的值，目标是使 $f(x_i)$ 与 y_i 的差的平方和最小，即使 $\sum_{i=1}^{n}[(y_i - f(x_i)]^2$ 最小。

将属性数据 $X_1, X_2, \cdots, X_n$ 代入式（4.6）得

$$f(X^{(i)}) = A_1 X_1^{(i)} + A_2 X_2^{(i)} + \cdots + A_n X_n^{(i)} + A_0 \qquad (4.7)$$

式中，i 表示第 i 个样本。为了书写规范性，我们对式（4.7）的常数项增加变量：

$$f(X^{(i)}) = A_1 X_1^{(i)} + A_2 X_2^{(i)} + \cdots + A_n X_n^{(i)} + A_0 X_0^{(i)} \qquad (4.8)$$

式中，$X_0 = 1$。因此，变量矩阵与系数矩阵可以表示为

$$\boldsymbol{X}^{(i)} = [X_0^{(i)}, X_1^{(i)}, \cdots, X_n^{(i)}], \quad \boldsymbol{A} = [A_0, A_1, \cdots, A_n]^{\mathrm{T}}$$

多元线性回归方程可以写为

$$f(X^{(i)}) = \boldsymbol{A} \cdot \boldsymbol{X}^{(i)} \qquad (4.9)$$

式中，

$$\boldsymbol{X}^{(i)} = \begin{bmatrix} 1 & X_1^{(1)} & X_2^{(1)} & \cdots & X_n^{(1)} \\ 1 & X_1^{(2)} & X_2^{(2)} & \cdots & X_n^{(2)} \\ \vdots & \vdots & \vdots & \ddots & \vdots \\ 1 & X_1^{(m)} & X_2^{(m)} & \cdots & X_n^{(m)} \end{bmatrix}, \quad \boldsymbol{A} = \begin{bmatrix} A_0 \\ A_1 \\ \vdots \\ A_n \end{bmatrix}$$

因此，求 $\sum_{i=1}^{n}[y_i - f(x_i)]^2$ 的最小值就可以转化为求多元线性方程［式（4.9）］的正规解，即

$$\boldsymbol{A} = (\boldsymbol{X}^{\mathrm{T}} \cdot \boldsymbol{X})^{-1} \boldsymbol{X}^{\mathrm{T}} \cdot \boldsymbol{y} \qquad (4.10)$$

这个多元线性方程的正规解的推导可以参考线性代数的相关教材。

结合上文例子中的数据，如何求解服装类页面 PV、化妆品类页面 PV、零食类页面 PV、母婴类页面 PV 四个属性与总消费额之间的关系？首先确定 $\boldsymbol{X}$ 矩阵与 $\boldsymbol{y}$ 矩阵，这两个矩阵中的数据都是已知的，表示如下：

$$
X = \begin{bmatrix} 1 & 55 & 12 & 56 & 34 \\ 1 & 34 & 0 & 77 & 41 \\ 1 & 52 & 45 & 83 & 89 \\ \vdots & \vdots & \vdots & \vdots & \vdots \\ 1 & 55 & 21 & 72 & 141 \end{bmatrix}, \quad y = \begin{bmatrix} 710 \\ 1500 \\ 140 \\ \vdots \\ 500 \end{bmatrix}
$$

将 X 和 y 代入式（4.10）得

$$
A = \begin{bmatrix} 108.12 \\ 6.8 \\ 2.3 \\ 5.57 \\ 4.32 \end{bmatrix}
$$

于是，有

$$
y = 6.8x_1 + 2.3x_2 + 5.57x_3 + 4.32x_4 + 180.12 \tag{4.11}
$$

式中，6.8 为服装类页面 PV 系数；2.3 为化妆品类页面 PV 系数；5.57 为零食类页面 PV 系数；4.32 为母婴类页面 PV 系数。式（4.11）就是通过用户数据拟合出的线性模型，可以作为线性分类器对用户画像进行分类。

为简单起见，我们将用户画像定义为两类——超越型用户与非超越型用户。超越型用户是指真实总消费额高于由式（4.11）计算出的预测总消费额的用户；非超越型用户是指真实总消费额低于由式（4.11）计算出的预测总消费额的用户。由于超越型用户的真实总消费额比预测总消费额高，所以可以设计一些策略来维持这些用户的消费水平，如推荐一些高品质的商品等；由于非超越型用户的真实总消费额比预测总消费额低，所以可以通过加大商品曝光率或提供折扣等策略提高这些用户的消费水平。

将用户 P1、P2 的 PV 数据代入式（4.11）得

$$
y(P1) = 6.8 \times 55 + 2.3 \times 12 + 5.57 \times 56 + 4.32 \times 34 + 180.12 = 1040.52 > 710
$$

$$
y(P2) = 6.8 \times 34 + 2.3 \times 0 + 5.57 \times 77 + 4.32 \times 41 + 180.12 = 1017.33 < 1500
$$

由此可知，用户 P1 属于非超越型用户，用户 P2 属于超越型用户。

4.2.2 逻辑斯蒂回归

在线性回归中要求属性是连续变量，但在实际的产品中很多属性并不是连续变

量，如针对 4.2.1 节中用户画像的例子，可以对这 100 个用户的性别进行标记，性别只有男和女两类，如表 4-2 所示。对于这样的数据我们通过使用逻辑斯蒂回归（以下简称 Logistic 回归）来进行研究。Logistic 回归严格来讲不属于线性回归，这种方法的核心思想在于如何将离散的数据划归为连续的数据进行计算。

表 4-2　某网站 100 个用户的行为数据（标记用户性别）

用户 ID	性别	服装类页面 PV	化妆品类页面 PV	零食类页面 PV	母婴类页面 PV	总消费额（元）
P1	女	55	12	56	34	710
P2	女	34	0	77	41	1500
P3	女	52	45	83	89	140
P4	男	65	12	0	23	800
P5	女	63	90	46	69	850
P6	女	57	67	65	66	210
P7	女	76	2	32	47	90
P8	女	23	88	65	0	950
P9	女	45	53	75	94	520
P10	男	34	89	0	0	220
P11	女	54	0	27	78	300
P12	女	3	86	14	36	400
P13	男	86	104	20	0	2240
P14	女	54	6	33	35	50
P15	女	46	11	60	1	600
⋮	⋮	⋮	⋮	⋮	⋮	⋮
P100	女	55	21	72	141	500

一般的线性回归方程可以表示为

$$z = \boldsymbol{W}^{\mathrm{T}} \boldsymbol{X} + b \tag{4.12}$$

式中，$\boldsymbol{W} = [w_1, w_2, w_3, \cdots, w_n]$，$\boldsymbol{X} = [x_1, x_2, \cdots, x_n]$。

我们希望在线性模型的预测值逼近真实训练样本 y_i 时，求出 $\boldsymbol{W}$ 与 b，即在 $z \rightarrow y_i$ 时，求出 $\boldsymbol{W}$ 与 b。但是由于性别数据并不是连续的（$z \in \{0,1\}$），所以该问题很难使用常规的线性回归方法来解决，但可以使用 Logistic 回归来解决。

首先，针对上述问题，需要将离散数据转化为一类连续函数，最常用的是 Sigmoid 函数，其具体形式如下：

$$t = \frac{1}{1 + \mathrm{e}^{-z}} \qquad\qquad (4.13)$$

Sigmoid 函数具有非常好的性质，其值域为(0,1)，Sigmoid 函数图像如图 4-4 所示。

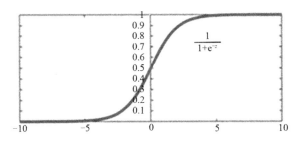

图 4-4　Sigmoid 函数图像

将式（4.12）代入式（4.13）得

$$t = \frac{1}{1 + \mathrm{e}^{-(\boldsymbol{W}^{\mathrm{T}}\boldsymbol{X} + b)}} \qquad\qquad (4.14)$$

将式（4.14）变形得

$$\ln\left(\frac{t}{1-t}\right) = \boldsymbol{W}^{\mathrm{T}}\boldsymbol{X} + b \qquad\qquad (4.15)$$

式（4.14）中的 t 是通过式（4.13）计算出的值，而训练样本真实的 z 只有 2 个值（因为样本中用户的性别只有男和女），故可以规定

$$z = \begin{cases} 1, & t \geqslant 0 \\ 0, & t < 0 \end{cases}$$

这样就可以很好地把离散的数据转化为连续的数据，这是一个很重要的思想，其在后面的机器学习算法中至关重要。

下面我们来讨论核心问题，即如何求解 $\boldsymbol{W}$ 与 b。在此之前，我们需要介绍一个重要的定理——最大似然定理。

首先明确什么是似然函数，似然函数与概率函数非常相似，但意义不同。

例如，函数 $P(x,\theta)$ 有两个参数：x 表示某个具体的样本数据；θ 表示模型的参数。如果 θ 已知且 x 是变量，则这个函数叫作概率函数，用于计算在整个样本空间中 x 出现的概率；如果 x 已知且 θ 是变量，则这个函数叫作似然函数，用于计算对于不同的模型参数，出现 x 这个样本点的概率。

例如，对于如式（4.16）所示的二元函数，如果 x 确定，则该函数是线性函数；如果 y 确定，则该函数是反比例函数：

$$f(x,y) = \frac{y}{x} \tag{4.16}$$

最大似然定理最直接的解释是利用已知的样本结果，反推最有可能（最大概率）导致这个结果的参数值。有一个经典的例子可以通俗地解释最大似然定理，有两个大小相同的箱子，每个箱子中有 100 个球，其中甲箱子中有 99 个白球，乙箱子中有 99 个黑球，如图 4-5 所示。现在已知取出了一个白球，问该白球是从哪个箱子中取出的？大部分人都会猜想甲箱子，这种"大概率"的想法就是最大似然定理。这种已经知道结果（取出来的是黑球，这个事件已经发生），根据结果推测由某个因素导致该结果的可能性大小的概率称为后验概率。

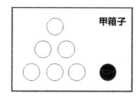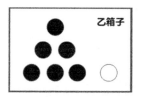

图 4-5　最大似然定理示例简图

已知训练样本数据 D ，训练样本独立同分布，即

$$D = \{(x_i, y_i)\}_{i=1}^{n}$$

似然函数为

$$\Pr(D \mid \theta) = \prod_{i=1}^{n} \Pr(y_1, y_2, \cdots, y_n \mid x_i, \theta) \tag{4.17}$$

式中，θ 为似然函数中需要求解的参数，其中训练样本（结果）是已知的，用来推断似然函数中的参数。对似然函数可以这样理解，由于参数未定，对于每个由训练样本的概率函数乘积构成参数的似然函数，找出一个 θ 的组合，使得 $\Pr(D \mid \theta)$ 最大，即使样本数据出现的概率最大，似然函数取得最大值表示相应的参数能够使统计模型最合理。

在实际操作中，可以使用 Python 中进行机器学习软件包 Scikit-Learn 中的 LogisticRegression 与 LogisticRegressionCV 来进行 Logistic 回归操作。

在 Logistic 回归中，最重要的思想就是将离散变量转化为连续变量，这样能够使得性别、爱好、饮食习惯这样的变量参与回归过程。学习 Logistic 回归的关键在于掌握它的算法思想，当面对新问题时可以提出解决问题的思路。Logistic 回归常用于用户画像、疾病自动诊断、经济预测等领域。

4.2.3　聚类算法

用户画像的构建是一系列技术的组合应用，除线性回归、Logistic 回归之外，还有大量的算法可以应用。在工作中，聚类算法也经常被用于构建用户画像，k 均值聚类算法是一种基础的聚类算法。

k 均值聚类算法是一类无监督学习算法，该算法仅根据目标数据的特点对数据进行聚类，适用于探索数据内部的深层关系。通过 k 均值聚类结果，可以发现新知识。在用户画像的挖掘中，使用 k 均值聚类算法可以根据人群行为数据的特点对人群进行分类，再由相应的专家来探索形成这种分类的原因。k 均值聚类算法的关键思想在于一切以数据为基础，从数据的角度促进业务的发展。

k 均值聚类算法是原型聚类中最经典的算法，其实现过程也是很多算法的理论基础。所谓原型是指样本空间中具有特征的点，对这些特征点进行初始化，然后不断迭代可得到稳定聚类。经典的 k 均值聚类算法的实现步骤如下。

第一步：先确定要聚类的个数 k，然后从整体中随机地选择 k 个样本作为聚类簇的中心，这也是特征点初始化的过程。

第二步：对剩余的样本根据刚才选取的聚类簇中心进行计算，将其一一归属到 k 个簇中。

第三步：重新计算每个聚类簇的平均值，并将其更新为新的聚类簇中心。

第四步：反复迭代第二步与第三步的过程，直到收敛。

k 均值聚类算法用数学方式可表示为，对于给定的样本集 $S = \{x_1, x_2, \cdots, x_n\}$，要将样本集 S 划分为 k 个聚类簇，记为 $C = \{C_1, C_2, \cdots, C_k\}$，用 $\mu_1, \mu_2, \cdots, \mu_k$ 代表每个聚类簇的中心。欲满足正确的 k 个聚类簇划分，需要满足 $x_1, x_2, \cdots, x_n$ 到每个聚类簇中心 $\mu_1, \mu_2, \cdots, \mu_k$ 最近，即要求 ε 的最小值，ε 的表达式如下：

$$\varepsilon = \sum_{j=1}^{k} \sum_{i=1}^{n} (x_i - \mu_j)^2 \tag{4.18}$$

式（4.18）描述了样本围绕聚类簇的紧密程度，ε 越小说明样本的相似程度越高，聚类程度也就越好。

以表 4-2 中的前 10 个用户的行为数据为例，如果确定 $k = 2$，即将这些用户分为 2 类。我们可以随机选定用户 P2 与用户 P8 为初始聚类簇的中心，用户 P2 与用户 P8 的行为数据可用向量表示为

$$P2 = (34, 0, 77, 41, 1500)$$

$$P8 = (23, 88, 65, 0, 950)$$

其余用户的行为数据同样可用向量表示，依次与 $P2$ 和 $P8$ 进行距离计算，距离可以使用欧氏距离进行计算，也可以使用余弦相似度进行计算。

如果用欧氏距离来计算则，$P1$ 与 $P2$、$P1$ 与 $P8$ 的距离分别为

$$d(P1, P2) = \sqrt{(55-34)^2 + (12-0)^2 + (56-77)^2 + (34-41)^2 + (710-1500)^2} \approx 790.68$$

$$d(P1, P8) = \sqrt{(55-23)^2 + (12-88)^2 + (56-65)^2 + (34-0)^2 + (710-950)^2} \approx 256.2$$

经计算可知，$d(P1, P2) > d(P1, P8)$，所以用户 P1 可归属到用户 P8 的聚类中。

同理，计算其他用户的行为数据的向量到 $P2$ 和 $P8$ 的距离，之后将这些用户分到其中一个聚类簇中。将所有用户都分到相应的聚类簇中后，重新计算 2 个聚类簇的中心位置，计算每个用户的行为数据的向量到中心位置的距离，得到新的聚类划分。再次计算聚类簇的中心位置，然后计算每个用户的行为数据的向量到中心位置的距离，得到更新的聚类划分。重复这个过程，直到聚类簇中心点稳定。如此就得到了用户的 2 个聚类，但是这 2 个聚类完全是跟据用户的数据特点得到的，需要相关专家来分析出现这种现象的原因。

k 均值聚类算法可以用于很多场景下的数据探索，分类个数可以自由设定，具有非常广泛的用途。k 均值聚类算法是优缺点并存的，其优点是，对大型数据集也简单高效，时间复杂度与空间复杂都相对较低。其缺点是，当数据集大时容易产生局部最优结果；在选择数据簇个数 k 时具有未知性，容易做出盲目选择；对于一些离群值样本也无法很好地进行判断，容易使结果产生偏差等。

综上所述，构建用户画像的一些基本方法包括线性回归、Logistic 回归及聚类算

法等。此外，构建用户画像的算法还有很多，如决策树、协同过滤及神经网络等。选择不同算法也能够达到相同的目的，基于对成本与时间的考虑，在满足需求的前提下，一般选择复杂度低且自己熟悉的算法。

4.3　图像的处理原理

图像处理业务是当前最贴近产业化的人工智能应用场景，包括图像识别、图像清晰度处理、图像的 3D 建模等。

图像处理被广泛应用于各个领域。在医疗领域，可以根据病人的 CT 影像，利用图像处理技术自动判定病人的患病类型；在农业领域，可以利用图像处理技术进行牛脸识别，进行牲畜的身份验证；在安防领域，通过图像处理技术可以准确地识别聚众斗殴事件。

图像输入系统后究竟是如何被计算机识别的？我们如何通过监控摄像头自动识别聚众斗殴事件？在这些应用场景中，普遍用到一项技术——神经网络。

本节会结合神经网络的相关知识详细讲述识别一个图像的过程，让大家对神经网络算法有基本的了解，只有明白算法的基本原理，才能针对不同业务场景制定算法策略。

4.3.1　神经网络简介

神经网络理论来自神经细胞传递的模型，它从信息处理的角度对人脑神经元进行了模型的抽象，并将其按照不同的层次与节点组成了不同的网络形态。当今的神经网络是一个庞大、多学科交叉的知识体系，它能够模拟生物系统与真实世界交互的过程，并对交互结果做出反馈。正如周志华撰写的《机器学习》一书中所言，我们在机器学习中提到的神经网络指的都是神经网络学习，我们当前的应用都是机器学习与神经网络相结合的产物。

神经网络的基础模型是单个神经元模型，在生物学领域，多个神经元相连构成神经网络。如图 4-6 所示，当刺激从某个神经元触发时，神经元之间通过分泌化学物质进行信号传导从而改变神经元内部的电位。一个神经元细胞通常具有多个树突，这些树突主要用来接受外部刺激传入信息；中间较大的部位是轴突，轴突尾端有许多轴突末梢，可以向其他神经元传递信息。基于以上生物学描述，可定义信息领域单个神经元的基本结构。

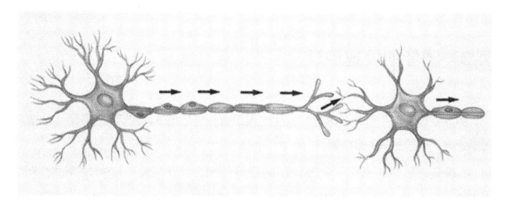

图4-6 神经网络

神经元模型包含三个部分：输入层、隐藏层和输出层。输入层可以类比成神经元细胞的树突；输出层可以类比成轴突与轴突末梢；隐藏层也叫节点计算层。多个神经元模型的叠加就构成了神经网络体系，如图4-7所示。从计算科学的角度来讲，神经网络体系是包含很多个参数的数学模型的叠加，是若干函数相互嵌套的模型体系。有价值的神经网络模型一般具备可解释的数学基础，但是绝大多数神经网络模型是黑盒模型，解释性较差，提高神经网络模型的可解释性也是当前神经网络研究的重点。

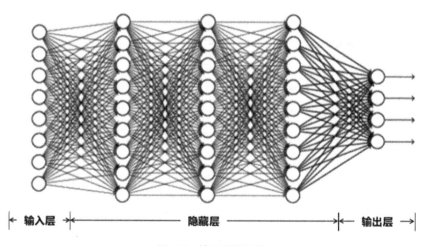

图4-7 神经网络体系

神经网络模型是深度学习的代表模型，通过神经网络原理可以完成图像识别、数据预测、语音分析、特征工程等一系列任务，也可以与其他学习算法组合建立集成学习模型。本节着重介绍神经网络的基本理论，并介绍几类常用的基础型网络的算法与实例，包括 BP 神经网络（Back Propagation Neural Network）、卷积神经网络（CNN）、胶囊网络等。

4.3.2　神经网络算法概述

感知机（Perceptron）是一种最简单的人工神经网络。Frank Rosenblatt 在 1957 年发明了感知机，同时提出了感知机学习算法。感知机是构建神经网络的基础。样本数据输入感知机后，直接由感知机的节点计算出结果并输出，感知机不包含隐藏层，所以也称阈值逻辑单元（Threshold Logic Unit）。

简单来讲，感知机是一个线性二分类模型，输入的是向量，输出的是分类结果。人们对感知机的解释也非常形象：在平面中有两类点，感知机的作用是找一条直线将这两类点分隔开；对于更高维的空间来说，感知机的作用是寻找一个超平面将两类点分隔开。

感知机可以定义为如下形式：

$$y = \mathrm{sign}(z) \tag{4.19}$$

$$\mathrm{sign}(z) = \begin{cases} 1, & z > 0 \\ -1, & z \leqslant 0 \end{cases}$$

式中，$z = \omega x + b$，其中 x 为输入样本，ω 与 b 为感知机的模型参数。在计算出 z 以后，可以将其代入式（4.19）进行判别分类。感知机的运算过程如图 4-8 所示。

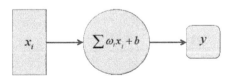

图 4-8　感知机的运算过程

感知机运算过程的重点在于确定参数 ω 与 b，即形成一种线性分割方式，将目标分成两类。但在很多情况下感知机无法进行划分，如对于如图 4-9 所示的非线性分类问题，感知机无法找到一条直线将两类点分隔开，在这种情况下就无法使用感知机进行分类。

感知机结构简单，只有输入层与输出层而没有隐藏层，所以学习能力十分有限，只能够处理线性分类问题。要处理非线性分类问题，需要使用多层功能神经元构成神经网络进行学习。

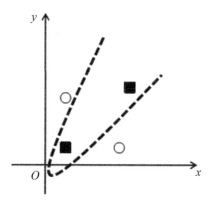

图 4-9　非线性分类

在日常的数据处理中，由于大量特征是无法提取的，如彩色照片的特征等，所以需要设计一类可以降低维度且能尽量保全所有数据特征的人工神经网络。人工神经网络基于仿生学对数据信息进行处理、建模，为机器学习领域开辟了广阔的道路。

下面具体介绍神经元模型的运算过程。

神经元模型的运算具有三个过程（见图 4-10）：输入、节点运算和输出。第一个过程是输入，其中，$x_1, x_2, \cdots, x_n$ 表示初始特征值；1 为常数项；$\omega_0, \omega_1, \cdots, \omega_n$ 为权重值，用于控制特征的变化情况，如放大或者缩小等。第二个过程是节点运算，节点运算包含求和与激活两个过程。求和的过程是将输入变量与权重值进行线性组合，得到如下结果：

$$\text{SUM} = \omega_1 x_1 + \omega_2 x_2 + \cdots + \omega_n x_n + b$$

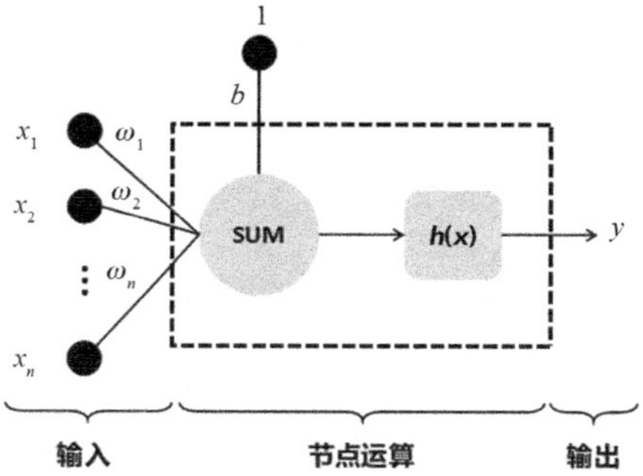

图 4-10　神经元模型的运算过程

激活的过程是将求和得到的结果代入激活函数，再进行一次求值。假设激活函数是 $h(x) = x$，激活之后得到如下结果：

$$y = \omega_1 x_1 + \omega_2 x_2 + \cdots + \omega_n x_n + b$$

从本质上讲，这是典型的线性回归问题，后面的过程依然是进行梯度旋转以不断优化参数。第三个过程是输出，即将激活的结果输出。

仅用线性回归拟合得出的结果一般比较粗糙，其精度比曲线拟合的精度要低很多，更重要的一点是，如果激活函数属于线性函数，那么即使设计很多隐藏层或设计非常深的神经网络都与简单的线性变换没有很大区别。在使用曲线进行样本特征拟合时，只需要变更激活函数即可。本节先对激活函数进行简要的介绍，后文再讨论其深刻的含义。常用的激活函数有以下 4 种。

1）Sigmoid 函数

Sigmoid 函数的表达式为

$$f(z) = \frac{1}{1 + e^{-z}}$$

Sigmoid 函数可以将一个实数映射到(0,1)区间，可以用来解决二分类问题，Sigmoid 函数图像如图 4-11 所示。Sigmoid 函数也可以使用在 Logistic 回归中，这部分知识在前面的章节中已经讲过，神经网络也可以理解为 Logistic 回归扩展，具体见 4.2 节的内容。

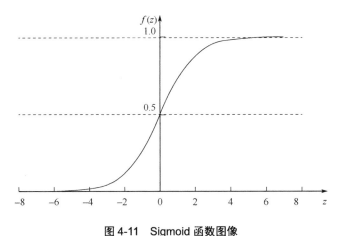

图 4-11　Sigmoid 函数图像

2）Tanh 函数

Tanh 函数的表达式为

$$f(z) = \frac{e^z - e^{-z}}{e^z + e^{-z}}$$

Tanh 函数又称双曲正切函数，其值域为 (-1, 1)，Tanh 函数图像如图 4-12 所示。Tanh 函数在数据特征明显时效果很好，在循环迭代过程中会不断放大数据特征。

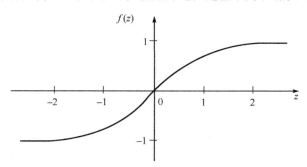

图 4-12　Tanh 函数图像

3）ReLU 函数

ReLU 函数的表达式为

$$f(z) = \begin{cases} 1, & z \leqslant 0 \\ z, & z > 0 \end{cases}$$

ReLU 函数又称线性整流单元，是当前非常流行的激活函数，具有很高的收敛速度，ReLU 函数图像如图 4-13 所示。当前认为 ReLU 函数具有极好的生物解释性，由于生物神经传导具有阈值效应，当刺激小于某个阈值时，神经元内部不产生电位变化；当刺激大于某个阈值时，随着刺激的增加传导的信号逐步增强。ReLU 函数可以结合生物神经元，使单层感知机具有求解线性不可分问题的能力。

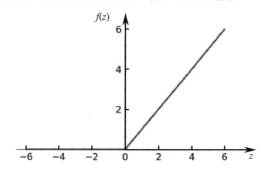

图 4-13　ReLU 函数图像

4）Softmax 函数

Softmax 函数的表达式为

$$f(z_i) = \frac{e^{z_i}}{\sum_{i=1}^{n} e^{z_i}}$$

Softmax 函数一般作为神经网络的输出使用，应用于多分类任务，映射到(0,1)区间内，可以理解为概率，该模型是 Logistic 回归在多分类任务中的推广。对于多分类模型，认为 Softmax 函数输出的是分类概率，如有一个 3 分类任务，Softmax 函数可以根据它们的相对大小，输出选择 3 个类别的概率且概率和为 1。

4.3.3 BP 神经网络

BP 神经网络是一种向后传递误差的前馈网络，对神经网络体系的发展起到了重要的推动作用。BP 神经网络用途广泛，可以用于数据分类、聚类、预测等算法的实现。BP 神经网络需要通过数据进行训练，学习到数据中隐含的特征。

在线性回归中，直线需要通过梯度下降的方式向误差减小的方向逼近，学习率也随着误差的减小而减小，直到误差小到一定程度就认为迭代结束。对于直线而言，梯度下降的过程就是不断修改 k 与 b，最终实现误差最小的过程。但是在神经网络中有大量的参数需要进行迭代优化，从神经网络建立以来人们就在不断尝试各种方法来解决这个问题。直到 20 世纪 80 年代，BP 算法（反向传播算法）的提出，才使人们找到了有效的解决方案。

BP 算法的基本原理：利用数据向前传播的方式，计算最终输出结果与样本数据误差的偏导数，再对该偏导数和隐藏层节点进行加权求和，这样一层一层地向前传递直到输入层，最后利用每个节点求出偏导数来更新各自的权重。

接下来介绍 BP 神经网络中的两个基础概念。

1. 梯度下降

大家都知道程序是一个逐步迭代的过程，通过迭代过程逐步逼近真实值。人们最爱用下山来比喻梯度下降的过程，走在山中的人根据自己周围的环境确定自己行动的方向，如果是要下山，肯定是向下坡的方向走。梯度下降与下山过程非常类似，山就相当于一个可微的函数，我们的目的是寻找最低点，也就是导数为 0 的点。

从数学上来讲，梯度是微分的一般形式，多元函数梯度的数学表达式如式（4.20）所示。

若有函数 $J(\theta)$，则其梯度表示为

$$\nabla J(\theta) = \left\langle \frac{\partial J}{\partial \theta_1}, \frac{\partial J}{\partial \theta_2}, \dots, \frac{\partial J}{\partial \theta_n} \right\rangle \tag{4.20}$$

若函数 $J(\theta) = 3\theta_1 + 4\theta_2$，则其梯度为

$$\nabla J(\theta) = \langle 3, 4 \rangle$$

在单变量函数中，梯度表示给定点切线的斜率；在多元函数中，梯度是一个向量，向量的方向为函数上升最快的方向，梯度的反方向就是函数下降最快的方向。梯度代表了函数中各点的大方向，利用梯度性质进行迭代的手段是梯度下降，可以表示为

$$\theta_{i+1} = \theta_i - \alpha \cdot \nabla J(\theta_i) \tag{4.21}$$

式中，$J(\theta)$ 为参数 θ 的一个函数，当前位置为 θ_i，从这个位置向函数值最小的方向迭代；α 为学习率，也就是每次迭代的步长，自变量每迭代一次都会使函数值更接近最小值。

2. 学习率

学习率决定着对象函数是否能够收敛到局部或用时多久才能收敛到局部，是监督学习中重要的超参数。

学习率可以理解为步长，如果学习率太小，则可能要花很长时间才能到达终点，如图 4-14（a）所示；如果学习率太大，则可能一次性就越过了终点，甚至无法收敛，如图 4-14（b）所示。

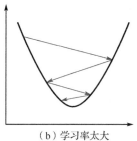

（a）学习率太小 　　　　　　　　　（b）学习率太大

图 4-14 　学习率示意图

BP 算法是 BP 神经网络中的精髓,利用误差的偏导数与前面的隐藏层节点进行加权求和,如此向前传递下去,最后利用根据每个节点求出的偏导数来更新权重。BP 神经网络拥有很多经典的算法思路,为后续人工神经网络算法的发展奠定了基础。通常来讲,反向传播的计算过程可分为以下三步。

第一步:计算输出层的值。

第二步:计算误差的偏导数。

对于输出层到隐藏层(其中输出层为 n_l 层),误差的偏导数可使用式(4.22)进行计算:

$$\delta^{(n_l)} = -(y - \hat{y}) \cdot f'\left(z^{(n_l)}\right) \tag{4.22}$$

式中,y 为输出值;$\hat{y}$ 为样本值。

对于隐藏层到隐藏层(其中隐藏层 $l = n_l - 1, n_l - 2, \cdots, 3, 2$),误差的偏导数可使用式(4.23)进行计算:

$$\delta^{(l)} = \left(W^{(l)} \delta^{(l+1)}\right) \cdot f'\left(z^{(l)}\right) \tag{4.23}$$

可以简单表示为如下公式。

输出层→隐藏层:残差 = -(输出值-样本值)×激活函数的导数

隐藏层→隐藏层:残差 = (右层每个节点的残差加权求和)×激活函数的导数

第三步:更新权重。

下面利用一组数据完整推演反向传播的计算过程。训练数据如表 4-3 所示,激活函数使用 Sigmoid 函数,学习率为 0.2。

表 4-3 训练数据

x_1	x_2	y
0.2	0.6	0.4

第一步:计算输出层的值。

按照感知机原理计算输出层的值。

如图 4-15 所示,输入层有 2 个输入节点,输入值分别为 0.2 和 0.6,隐藏层有 2 个隐藏节点,输出层有 1 个输出节点。从 2 个输入节点到 2 个隐藏节点有 4 条路径,从 2 个隐藏节点到输出节点有 2 条路径,对这些路径的权重进行随机初始化。

如图 4-16 所示,进行第一次正向传播时,将 2 个输入值分别传递到 2 个隐藏节点。对于第一个隐藏节点,先将 2 个输入值 0.2 和 0.6 分别乘以它们到第一个隐藏节点的相应权重,即 0.2 和-0.4,得到 0.04 和-0.24,再将这两个值相加得到-0.2,将该值传递到第一个隐藏节点。同理可计算出传递到第二个隐藏节点的值为-0.44。

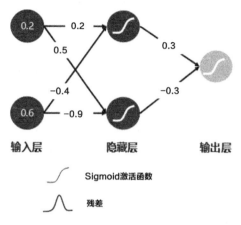

图 4-15　训练数据输入值与初始权重

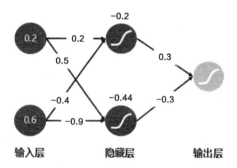

计算过程:
0.2×0.2+0.6×(-0.4)=-0.2
0.2×0.5+0.6×(-0.9)=-0.44

图 4-16　对输入节点进行加权求和运算

如图 4-17 所示,计算出传递到隐藏节点的值后,需要进行 Sigmoid 函数激活。激活函数为 $f(x)=\dfrac{1}{1+e^{x}}$。对于第一个隐藏节点,输入值是-0.2,利用公式计算得到的结果是 0.55;对于第二个隐藏节点,输入值是-0.44,利用公式计算得到的结果是 0.608。

如图 4-18 所示,在进行第二次正向传播时,将 2 个隐藏节点的值传递到输出节点。与第一次正向传播类似,先将 2 个隐藏节点的值 0.55 和 0.608 分别乘以它们到输出节点的相应权重，即 0.3 和-0.3，得到 0.165 和-0.1824，再将这两个值相加得到-0.0174。最后进行 Sigmoid 函数激活，得到输出值为 0.504。

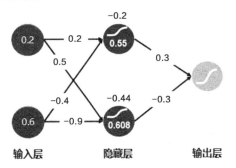

计算过程：
$f(-0.2)=1/(1+e^{-0.2})=0.55$
$f(-0.44)=1/1+e^{-0.44})=0.608$

图 4-17　激活 Sigmoid 函数

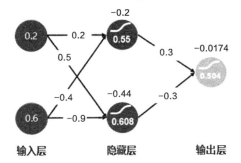

计算过程：
$0.55×0.3+0.608×(-0.3)=-0.0174$
$f(-0.017)=1/(1+e^{-0.0174})=0.504$

图 4-18　计算输出层的值

第二步：计算误差的偏导数。

如图 4-19 所示，已知输出值为 0.504，样本值为 0.4，可计算输出值与样本值的误差。将输出值与样本值代入误差公式，即 $e=$ (输出值-样本值)^2，得到误差约为 0.0108。若误差小于 0.0001，则停止迭代，否则进行反向传播。由于本例中误差大于 0.0001，所以进行反向传播。在进行反向传播时，首先计算残差，将输出值与样本值代入残差公式，即 $r=-$ (输出值-样本值)×输出值×(1-输出值)，可得到残差值约为-0.026。

第三步：更新权重。

如图 4-20 所示，在进行第一次反向传播时，将输出节点的残差值传递到 2 个隐藏节点。首先计算从输出节点传递到隐藏节点的值。对于第一个隐藏节点，将输出节点的残差值-0.026 乘以输出节点到第一个隐藏节点的权重 0.3 得到的-0.0078 传递到第一个隐藏节点。同理可计算出从输出节点传递到第二个隐藏节点的值为 0.0078。然后根据隐藏层的残差公式，即 r =反向输入值 × 当前节点的 Sigmoid 值 × (1-当前节点的 Sigmoid 值)，计算 2 个隐藏节点的残差。对于第一个隐藏节点，反向输入值为-0.0078，当前节点的 Sigmoid 值为 0.55，经计算可得到残差约为-0.002。同理可得到第二个隐藏节点的残差约为 0.0019。

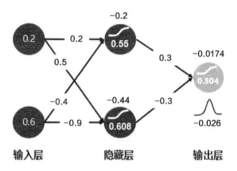

计算过程：
y=0.4
e=(0.504-0.4)^2≈0.0108
r =-(0.504-0.4)×0.504×(1-0.504)≈0.026

图 4-19　误差、残差计算

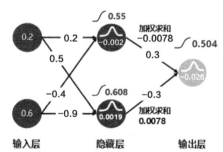

计算过程：
加权求和1=(-0.026)×(0.3)=-0.0078
加权求和2=(-0.026)×(-0.3)=0.0078
r1=-0.0078×0.550×(1-0.550)≈-0.002
r2=0.0078×0.608×(1-0.608)≈0.0019

图 4-20　反向传播

如图 4-21 所示，在更新第一层权重时，假设学习率为 0.2，先计算权重增加值，权重增加值=当前节点值×右层对应节点的残差×学习率。对于第一个输入节点，首先计算它到第一个隐藏节点的权重增加值，已知当前节点值为 0.2，右层第一个隐藏节点的残差值为-0.002，经计算可得到权重增加值为-0.000 08；其次计算它到右层第二个隐藏节点的权重增加值，已知当前节点值为 0.2，右层第二个隐藏节点的残差值为 0.0019，经计算可得到权重增加值为 0.000 076。同理可得到第二个输入节点到 2 个隐藏节点的权重增加值分别为-0.000 24 和 0.000 228。

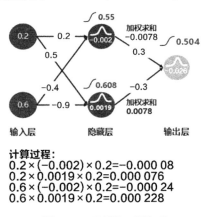

图 4-21　更新第一层权重

如图 4-22 所示，根据上一步计算得到的权重增加值更新隐藏层权重。第一个输入节点到第一个隐藏节点的原始权重为 0.2，权重更新值为-0.000 08，得到新的权重为 0.199 92；第一个输入节点到第二个隐藏节点的原始权重为 0.5，权重更新值为 0.000 076，得到新的权重为 0.500 076。同理可得第二个输入节点到 2 个隐藏隐藏节点更新后的权重分别为-0.400 24 和 0.899 772。

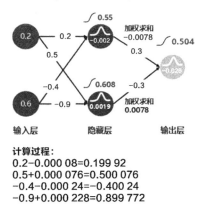

图 4-22　更新隐藏层权重

由计算过程可知，权重通过反向传播进行调整，直到误差小于 0.0001 为止。每进行一次训练数据的输入，神经网络上的各个节点的权重就会更新一次，按照梯度下降算法进行更正。BP 神经网络是一种很有效的计算方法，同时它也具有计算复杂、计算速度慢、容易陷入局部最优解等多项弱点，人们也对此提出了大量有效的改进方案，从而出现了一些新的神经网络形式。

4.3.4　卷积神经网络

卷积神经网络（CNN）是一种前馈神经网络，是当今图像处理的主流技术。说起 CNN，不得不提到 2012 年 Alex Krizhevsky 团队凭借 CNN 赢得了那一年的 ImageNet 大赛（世界级人工智能大赛），AlexNet 将图像分类误差从 26% 降低到 15%，之后很多公司开始将 CNN 作为图像处理的核心技术。脸书、谷歌、亚马逊等知名公司都利用 CNN 进行图像识别、商品推送等工作。

CNN 是一个大家族，对图像处理而言主要包括以下 4 个关键技术。

- 物体定位：预测包含主要物体的图像区域，以便识别图像区域中的物体。
- 物体识别：针对分割好的图像目标进行分类。
- 目标分割：将图像目标分割出来，即对图像中的像素点进行分类，如分割出图像中的人类、建筑物等。
- 关键点检测：从图像中检测目标物体上某关键点的位置，如人类面部关键点信息。

CNN 训练数据集是公开的，可供全球的开发者下载进行模型训练。

（1）MNIST：最受欢迎的深度学习数据集之一，包含一组具有 60 000 个示例的训练集和具有 10 000 个示例的测试集。

（2）ImageNet Dataset：李飞飞创立的 ImageNet 大规模视觉识别挑战赛（ILSVRC）数据集。

（3）PASCAL VOC：标准化的、优秀的数据集，可以用于图像分类、目标检测、图像分割。

（4）MS COCO Dateset：由微软构建的一个大型的图像目标检测数据集。

为什么要用 CNN 来处理图像呢？很简单，因为 CNN 能在短时间内提取图像的特征。一般来讲，普通神经网络将输入层和隐藏层进行全连接（Full Connected），从而保证系统能够提取图像的特征。从算力的角度来分析，对于较小的图像，计算机从整个图像中提取特征是可行的，如提取 28px×28px 的小图像中的特征，当前 CPU 算力还能够满足，但是提取大的图像（如 96px×96px）的特征如果使用这种普通神经网络全连接方法就会耗时很长，需要设计10^4 个输入单元，如果要提取 100 个特征，就需要对10^6 个参数进行运算。相比之下，96px×96px 的图像的处理过程比 28px×28px 的图像的处理过程慢 100 倍。大家都明白当前的图片动不动就是高清大图，采用普通神经网络全连接方法无法预计何时才能处理完。

下面的内容是本节的重点，具体讲述 CNN 的实现过程。

1．图像的输入

要了解 CNN 的实现过程，首先要搞清楚图像是如何输入到 CNN 中的。众所周知，计算机适合处理的是矩阵运算，所以图像只有转换成矩阵后才能被计算机识别。所有的彩色图像都由红、绿、蓝（RGB）叠加而成，RGB 的 3 个矩阵构成图像的 3 个通道，图像在计算机中的存储也是通过 RGB 的 3 个矩阵完成的。

如图 4-23 所示，一个 5px×5px 图像可以用 3 个 5×5 的矩阵来表示，如白色可以表示成 RGB(255, 255, 255)。RGB 的 3 个矩阵被称为图像的 3 个通道，矩阵中的数据可作为神经网络的输入数据。

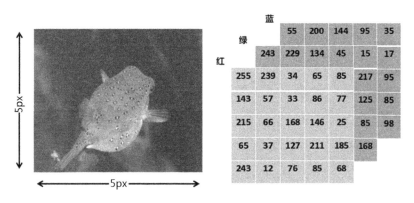

图 4-23　图像的 3 个通道

2．CNN 的组成

与其他神经网络相同，CNN 同样包含输入层、隐藏层、输出层三大部分，CNN

的图像处理过程如图 4-24 所示。

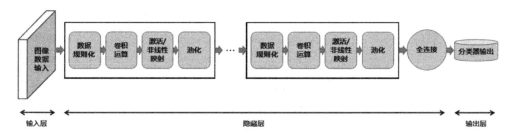

图 4-24   CNN 的图像处理过程

卷积层（Convolutional Layer）：由多个卷积单元组成，每个卷积单元的参数都是通过反向传播算法优化得到的。进行卷积运算主要是为了提取图像的特征，随着卷积层的增多，多层网络可以提取更为复杂的图像特征。

线性整流单元层（Rectified Linear Units Layer，ReLU Layer）：进行激活函数运算时使用线性整流单元层的 ReLU 函数。

池化层（Pooling Layer）：进行过卷积运算之后图像的维度特征依然很多，将特征矩阵分割成几个区块，取其最大值或平均值，可起到降维的作用。

全连接层（Fully-Connected Layer）：把所有局部特征及各通道的特征矩阵结合为向量代表，计算最后每一类的得分。

3．CNN 的计算过程

图 4-24 中每个组成模块代表不同的计算内容。

1）数据规则化

彩色图像的输入通常先要分解为 R、G、B 这 3 个通道，其中每个值都在 0 到 255 之间。

2）卷积运算

前文中讲到，由于普通的神经网络对输入层与隐藏层采用全连接的方式进行特征提取，所以在处理较大的图像时，处理速度会因为计算量巨大而变得十分缓慢。卷积运算正是为了解决这一问题而开发出来的，每个隐含单元只能连接输入单元的一部分，我们可以将卷积运算理解为一种特征提取方法。

首先要明确几个基础概念：深度（Depth）、步长（Stride）、补零（Zero-Padding）、卷积核（Convolution Kernel）。

深度：指的是图像的深度与它控制的输出单元的深度，也表示为连接同一个区域的神经元的个数。

步长：用来描述卷积核移动的步长。

补零：通过对图像边缘补零来填充图像边缘，从而控制输出单元的空间大小。

卷积核：输出图像中的每一像素都是输入图像中一个小区域像素的加权平均的权值函数，这个权值函数被称为卷积核。卷积核可以有多个，卷积核参数可以通过误差反向传播来进行训练。

步长为 1 的卷积计算过程如图 4-25 所示，卷积核依次向右移动进行卷积运算得到相应结果。

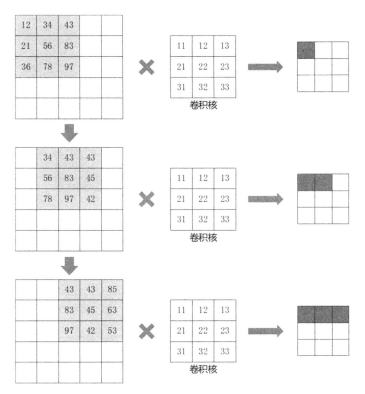

图 4-25　步长为 1 的卷积运算过程

为方便计算可以对图像边缘进行补零，这个过程可以改变图像的运算大小，如图 4-26 所示。

卷积运算过程其实非常简单，如图 4-27 所示，可以概括为

$$B(i,j) = \sum_{j=1}^{m}\sum_{i=1}^{n} K(m,n)A(i-m+1, j-n+1) \qquad (4.24)$$

式中，B 表示卷积运算后的结果；K 为卷积核；A 为图像的输入矩阵。

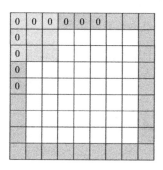

图 4-26　图像边缘补零过程

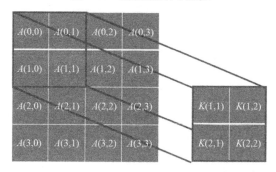

图 4-27　卷积运算过程

由图 4-27 可见，卷积核 K 为 2×2 的卷积核，详细运算过程如下：

$$B(1,1) = A(0,0) \times K(1,1) + A(0,1) \times K(1,2) + A(1,0) \times K(2,1) + A(1,1) \times K(2,2)$$

全部图像卷积运算可以通过式（4.24）进行。

3）激活

在完成卷积运算后需要进行激活，当前通常使用的激活函数是 ReLU 函数。ReLU 函数的主要特点在前文中已经讲过，此处不再赘述。从 ReLU 函数图像（见图 4-13）上来看，该函数的特点为单侧抑制，相对宽阔的兴奋边界具有稀疏激活性的特点。

4）池化

池化的目的是提取特征，减少向下一个阶段传递的数据量。池化过程的本质是"丢

弃"，即只保留最有特征的数值，其余的数据直接舍弃，不传递到下一阶段。池化层运算一般有以下几种。

最大池化：取 4 个点数值的最大值。这是最常用的池化运算。

均值池化：取 4 个点数值的平均值。

高斯池化：按照高斯模糊的方法进行运算。

最大池化的运算过程如图 4-28 所示。

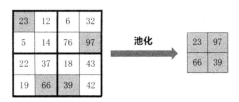

图 4-28　最大池化的运算过程

5）全连接

全连接一般出现在最后几步，是 CNN 中对图像进行分类的依据。如果说卷积运算、激活和池化的作用是将原始数据映射到隐藏层特征空间，那么全连接的作用是就将学到的分布式特征表示映射到样本标记空间。全连接过程是对矩阵的展开过程，也可以理解为将输出矩阵与一个 1×1 的卷积核进行卷积运算，最后展开为一个 $1\times n$ 的向量的过程。

在 CNN 中，全连接一般使用 Softmax 函数来进行分类。Softmax 函数适用于数据分类，可以保证各个分类概率总和为 1。

CNN 的计算过程虽然较为烦琐，但理解它对于深刻理解神经网络算法非常有益。CNN 经过多年的发展已拥有多条网络发展分支，并且正处于持续高速发展的状态。其中有网络层次加深的 VGG16 与 VGG19 等，有卷积功能加强的 NIN、GooLeNet 等，还有从分类任务向目标检测任务过度的新型网络 R-CNN、Fast R-CNN 等，如图 4-29 所示。

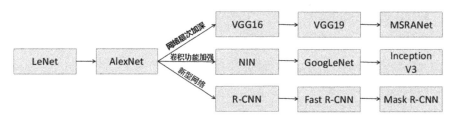

图 4-29　CNN 的不同发展分支

4.3.5　基于深度学习的目标检测

目标检测是计算机视觉领域中最热门的研究方向，通过算法可以对图像中的特定目标进行检测，如图 4-30 所示。经过多年的发展，目标检测大多基于深度学习的网络检测算法，如从 R-CNN 算法到当前较为流行的 Mask R-CNN、Fast/Faster R-CNN、SSD、YOLO 等算法，以及当前较新的实时目标检测系统 Pelee。

图 4-30　图像的目标检测

通过目标检测可以分析出图像中哪些是椅子、哪些是餐具、哪些是人，并且能标注出目标的位置。因此，概括来讲目标检测包含两个任务：目标分类与目标定位。

目标分类的主要难点在于如何准确地对图像中的多个目标进行分类，而且这些目标之间存在重叠、靠近、形变等多重关系。目标定位是目标检测的核心任务，目标定位的准确程度与很多因素有关，包括目标尺寸、物像重叠程度等。一般目标定位使用矩形来标记定位目标，但矩形也难以对各种形状的目标准确定位。

在目标检测领域，很多算法继承了 R-CNN 算法的框架原理，下面基于 R-CNN 算法来解释如何进行图像的目标检测。

R-CNN 算法的实现分为两个阶段：第一个阶段是将图像中的所有目标分割出来；第二个阶段是对分割出来的目标进行分类。第二阶段是一个图像的分类问题，有很多成熟算法。对于第一个阶段，R-CNN 算法采用选择搜索（Selective Search）对图像中的目标进行分割，其基本思路是先将图像分为多个足够小的区域，再根据相邻区域的相似特征进行合并，这些特征包括颜色、纹理、尺寸等。在相邻区域的合并过程中，需要不断记录区域的位置，直到得到整个图像。这些记录下来的区域就是数据，这些数据构成第二阶段多分类问题的数据集，R-CNN 算法的目标检测流程如图 4-31 所示。

图像目标检测的发展有超过 20 年的历史，目前有两条主要的技术路线：第一条是基于一体化网络的目标检测，代表性的算法有 YOLO、SSD、Retina-Net 等；第二条是基于目标建议（Object Proposal）的目标检测，代表性的算法为 R-CNN 系列算法。

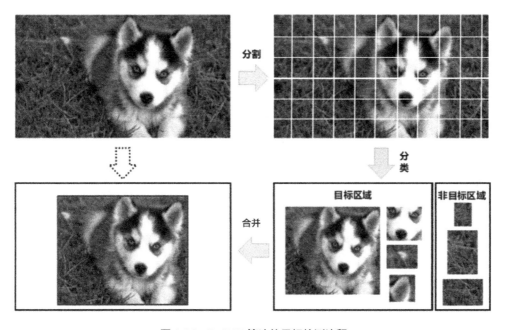

图 4-31　R-CNN 算法的目标检测流程

上述只是对 R-CNN 算法的原理进行了简单的描述性说明，有兴趣的读者可以查阅 R-CNN 算法的相关论文，对其进行深入了解。当前流行的 Fast/Faster R-CNN 算法与 Mask R-CNN 算法都是基于 R-CNN 算法的基本原理扩展得到的。R-CNN 目标检测算法的发展过程如图 4-32 所示。

图 4-32　R-CNN 目标检测算法的发展过程

4.3.6 胶囊网络简介

胶囊网络是由人工智能科学家 Hinton 的团队于 2017 年 10 月 26 日在 "Dynamic Routing Between Capsules" 论文中提出的新型网络架构，胶囊网络的发布在图像处理方面具有重要意义。

在图像处理方面应用最多的就是 CNN，CNN 的工作原理：首先通过卷积核的移动来提取图像特征，其次进行函数激活，再次对激活结果进行池化，最后对池化结果进行全连接。

如图 4-33（a）所示为一个人脸的图像。卷积核按照步长向右移动提取人脸器官的特征，由于卷积核对眼睛、眉毛、鼻子、嘴有很高的输出，故 CNN 对这些特征具有很高的识别率。但是 CNN 所进行的识别是一种标量性的识别，只是提取各个器官的特征并对其进行分类，而没有处理各个特征之间的关系，即 CNN 只记录图像的特征，而不记录图像的相对关系。当卷积核检测到了类似于眼睛、眉毛、鼻子、嘴等的特征，由于进行的是标量性识别，所以会将图像分类到人脸这一类。因此，CNN 扫描图 4-33（a）与扫描图 4-33（b）所得到的结果是一样的，但是我们不能认为图 4-33（b）也是一个人脸的图像。不仅如此，CNN 中的池化过程也存在一个问题，即会丢失许多信息。

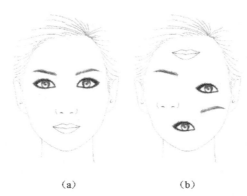

（a）　　　　　　　　　　（b）

图 4-33　CNN 图像识别的特点

胶囊网络的诞生解决了 CNN 中存在的问题。首先我们要知道什么是胶囊网络。简而言之，CNN 对图像特征进行标量输出，而胶囊网络对图像特征进行向量输出。"胶囊"相对于 CNN 就是神经元或神经元的组合。人眼很容易能够分辨出图 3-34 中这 5

个图像指的是同一事物，但 CNN 是做不到的，除非扩大训练样本，而胶囊网络可以解决这样的图像识别问题。

图 4-34 胶囊网络图像识别的特点

胶囊网络可以识别不同角度的物体，与 CNN 相比降低了 45%的错误率。CNN 中进行的卷积运算都是上一层某个区域与卷积核进行卷积运算，其结果是线性加权求和的值，是一个标量。而胶囊网络卷积运算得到的每个值都是向量，该向量不仅可以表示物体的特征，还可以表示物体的方向、状态等。

胶囊网络具有 3 个有别于 CNN 的显著特征。

- 使用了动态路由技术。
- 构造了新的激活函数 Squashing。
- 神经元输入变为向量。

总之，胶囊网络中的很多思路给未来的图像识别、目标检测的发展带来了新的思考方向。对胶囊网络感兴趣的读者可查阅相关文献，对其进行深入了解。

4.4 自然语言处理与文本挖掘

自然语言处理（NLP）是当前人工智能最活跃的领域之一，自然语言处理是指通过机器学习的方法对人类语言进行分析挖掘的处理技术。自然语言处理可以应用在很多领域，如用于电商网站用户评论的情感分析，可以判定用户对商品的态度；电子病历中有大量的主诉和医嘱信息，可以通过自然语言处理的方法进行关键词提取，从而将非结构化信息转变为结构化信息；在公共场所（如医院、车站等），可以通过自然语言处理设置语音自动问答系统等。最新的人工智能研究已经可以让计算机进行语义理解，可以自动实现看图说话或根据自然语言进行绘图。自然语言处理的路径视图如图 4-35 所示。

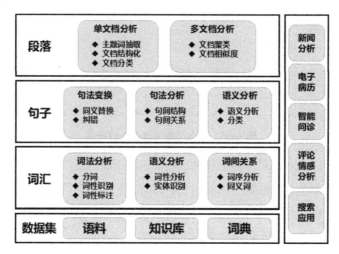

图 4-35　自然语言处理的路径视图

在自然语言处理的分析过程中，由于要达到的目的不同，所以处理方式也不同。自然语言处理使用的处理技术非常多，其中词的特征提取技术有词袋模型（Bag of Words，BOW）、词向量（Word Embedding）等；语料的训练模型有决策树、LSTM 神经网络、隐马尔可夫模型等。

学习自然语言处理首先应了解自然语言处理的一般流程，在了解流程的基础上逐步填充各个部分所需要的知识点。本节主讲述自然语言处理的一般流程与部分常用算法。

4.4.1　自然语言处理流程

自然语言处理是指利用工具、算法来处理基于自然语言的文本信息，基于不同的目的有不同的处理流程。从广义上来讲，自然语言处理主要分为 5 个步骤，如图 4-36 所示。

图 4-36　自然语言处理的建模流程

由图 4-36 可知,自然语言处理的建模流程很好地符合了人工智能模型的一般性建模流程。

1. 语料获取

自然语言处理的第一步是语料获取,需要构建一套完整的语料库。语料的获取有很多途径,主要分为以下 3 种。

1）购买

现在有很多专业的语料集合可以购买,也有专业的语料交易平台。例如,可以购买数十年报纸的语料集合,也可以购买某个专业领域的语料集合（如餐饮业的评论、某专业文献的下载许可等）。

2）爬取

通过爬虫系统可以快速获得大量公开的语料信息。

3）收集

收集方式主要是针对企业或集团内部的已有语料进行收集工作,可以将档案库中多年纸质信息扫描识别,从而构成语料库。

2. 语料预处理

语料集的处理过程决定着整个项目的成败,在一般项目中或许会用超过一半的工作时间来进行语料标注及清洗工作。语料预处理通常包含 3 个常规步骤:语料清洗、分词、词性标注。

1）语料清洗

语料清洗的概念与数据清洗的概念类似,主要任务是将无用的噪声内容去除,特别是对于通过爬虫系统获取的语料,可以通过算法去除广告标签等无用的信息,再将语料调整为相应的格式。

2）分词

分词主要针对的是中文语料。由于句子是由词组合而成的,不同的分词、断句方式会使句子有不同的含义,所以在进行文本挖掘时必须对句子进行分词。有个概念大家必须清楚,分词算法或分词工具本质上是一套训练好的模型,在模型构建的最初也需要经过语料积累、语料标注、模型训练等一系列过程。将训练好的模型作为工具对新的需求语料进行分词，从而构建出更加具有专业性或更能满足需求的新模型。

常见的分词算法有以下 3 类，具体的算法内容将在本节后续内容中介绍。

- 基于字符串匹配的分词算法。
- 基于语义的分词算法。
- 基于统计的分词算法。

中文分词很容易产生歧义，这也是未来算法要解决的问题。由于分词导致理解歧义的例子非常多，此处不一一介绍。为了分词正确，目前技术人员正在开发一些基于上下文概率图的分词模型，只有对上下文具有充分的理解才能提高分词的准确性。

3）词性标注

词性标注可以定义为给词打标签，主要包含普通词性标注与特殊标注。

普通词性标注主要是将句子中的词标记为名词、动词、形容词等，这样的标注可以使文本中融入更多的有效信息。词性标注可以认为是一个经典的序列标注问题，特别是有关情感分析、推理分析的文本挖掘工作，词性标注显得尤为重要。常见的普通词性标注方法分为基于规则的词性标注方法与基于统计的词性标注方法。基于规则的词性标注方法主要是通过利用规则对词进行限定或查询的方式进行标注；基于统计的词性标注方法是根据统计学计算得到的结论进行词性标注。

特殊标注主要是针对每个行业的特殊需求展开，如医药行业可以标注反应物、生成物、催化剂、试验器械等。针对特定需求，特殊标注非常重要，可以说凡是需要解决行业问题的文本分析，都需要进行特殊标注。

在词性标注的同时，还有一个任务是界定常用词。常用词是指对于文本特征没有贡献的词，一般这些词在任何语料中出现的频率都很高，如中文语料中的"的""和""地"等及英文语料中的"the""and""of"等。但在语料感情或语气分析时，这些词的特征应该进行一定程度的保留。词性编码表如表 4-4 所示。

表 4-4 词性编码表

词 性 编 码	词 性 名 称	注　　解
ag	形语素	形容词性语素
a	形容词	英文 "adjective" 的第一个字母
ad	副形词	直接作状语的形容词
an	名形词	具有名词功能的形容词

续表

词 性 编 码	词性名称	注　　解
b	区别词	汉字"别"的声母
c	连词	英文"conjunction"的第一个字母
dg	副语素	副词性语素
d	副词	英文"adverb"的第二个字母
e	叹词	英文"exclamation"的第一个字母
f	方位词	汉字"方"的声母
g	语素	汉字"根"的声母
h	前接成分	英文"head"的第一个字母
o	拟声词	英文"onomatopoeia"的第一个字母
p	介词	英文"prepositional"的第一个字母
q	量词	英文"quantity"的第一个字母
r	代词	英文"pronoun"的第二个字母
s	处所词	英文"space"的第一个字母
t	时间词	英文"time"的第一个字母
x	非语素词	用于表示未知元素
y	语气词	汉字"语"的声母
z	状态词	汉字"状"的声母
un	未知词	不可识别的词

3．语料特征提取

语料预处理完成后，需要将已经进行过分词的语料转化为计算机可以处理的类型。由于计算机最终需要进行二进制运算，所以需要将已经进行过分词的字符转化为编码或矩阵的形式进行处理。常见的语料特征提取模型有词袋模型与词向量。

1）词袋模型

词袋模型不考虑词的顺序，直接将词集中列举到一个集合之中，采用计数的方式对词出现的次数进行统计。词袋模型是一种基本的词统计方式，也有非常显著的缺点，即词袋模型只关注词出现的次数，而忽略了词与词之间的关系。TF-IDF 算法是词袋模型中常用的特征提取算法，在后面的内容中对其进行讲解。

2）词向量

词向量也叫词嵌入，其目的是将词转化为向量的形式提供给计算机进行运算，即将词映射到向量空间中。词向量常用的方法有 One-Hot Encoding（独热编码）、Word2Vec 与 GloVe。其中，独热编码方法主要形成一列大多数为 0、目标词为 1 的向量；Word2Vec 方法可以较好地表达不同词直接的相似程度及关系，Word2Vec 方法还包含两个模型——连续词袋（Continuous Bag of Words，CBOW）模型与跳字（Skip-Gram）模型；GloVe 方法融合了矩阵分解的全局统计信息与统计的先验概率信息，不但可以加快模型的训练速度，还可以控制词的相对权重。

在特征提取的过程中同样包含很多特征工程的内容，语料处理与特征向量构造需要选择表达能力强的特征。在整个特征提取的过程中需要保证特征的显著性，即行业属性，并保留足够的语义信息，所以特征的选择是一个基于行业背景知识与经验的过程。在自然语言处理中常见的特征选择方法有文档频次（Document Frequency，DF）、信息增益（Information Gain，IG）、互信息（Mutual Information，MI）、交叉熵（Cross Entropy，CE）、优势率（Odds Ratio，OR）等。

4．模型训练

自然语言处理的模型训练分为机器学习模型训练与深度学习模型训练。常用的机器学习模型有 KNN、支持向量机、隐马尔可夫模型（Hidden Markov Model，HMM）、贝叶斯网络（Bayesian Network，BN）等；常用的深度学习模型有循环神经网络、LSTM 神经网络等。

1）过拟合问题

过拟合是模型训练中的常见问题，是指模型过好地拟合了训练集中的数据，同时包括训练集中的噪声数据。过拟合问题会导致模型的泛化能力下降。

处理过拟合问题有如下 3 种方法。

- 重新提取特征。
- 采用合理随机失活方法（Dropout）。
- 利用算法加强特征（正交化方法）。

2）欠拟合问题

欠拟合问题与过拟合问题相反，是指模型没有很好地学习到数据特征，没有达到训练集的结果。

处理欠拟合问题有如下 2 种方法。

- 增加数据特征维度。
- 增加模型复杂度。

5．模型评估

模型训练完成后需要进行模型评估，该过程通常使用混淆矩阵的方法进行评估，具体内容详见 3.5 节。

4.4.2　语料特征提取方法

语料特征提取是自然语言处理中重要的过程，该过程的主要目的在 4.4.1 节中已经进行了介绍，此处不再赘述。自然语言处理的语料特征提取模型主要有词袋模型与词向量。

1．词袋模型

词袋模型是最基本的文本数字化模型，它忽略了词的顺序和语法信息，将一段文字单纯地看作一些独立存在的词的无序组合。词袋模型可以作为一种比较文本之间相似程度的工具。

词袋模型的构造方法如下。

语料 1：我今天审核了一个重要的工程项目。

语料 2：我今天完成了这台手术。

语料 3：我参加了今天的工程审核。

1）分词

首先进行分词，可以使用一些常用的分词工具进行分词。分词系统本质上是一个训练好的模型，具体的构造算法在 4.4.3 节中详细讲解。

语料 1：我/今天/审核/了/一个/重要/的/工程/项目。

语料 2：我/今天/完成/了/这/台/手术。

语料 3：我/参加/了/今天/的/工程/审核。

2）构建词语序列表

构建词语序列表在词袋模型中具有重要地位，相当于建立词的索引。词语序列表如表 4-5 所示，在词语序列表中标出各个词的使用频次。

表 4-5　词语序列表

语料	我	今天	审核	参加	完成	了	一个	这	台	重要	的	工程	项目	手术
语料 1	1	1	1	0	0	1	1	0	0	1	1	1	1	0
语料 2	1	1	0	0	1	1	0	1	1	0	0	0	0	1
语料 3	1	1	1	1	0	1	0	0	0	0	1	1	0	0
总计	3	3	2	1	1	3	1	1	1	1	2	2	1	1

由表 4-5 可知，语料 1 可表示为向量(1,1,1,0,0,1,1,0,0,1,1,1,1,0)，语料 2 可表示为向量(1,1,0,0,1,1,0,1,1,0,0,0,0,1)，语料 3 可表示为向量(1,1,1,1,0,1,0,0,0,0,1,1,0,0)。将这3 个向量输入计算机，可以计算文本的相似度等内容。

词袋模型是最基础的文本表示模型，其目的是把整段语料以词语为单位分开，每段语料可以根据词语序列表构成一个长向量，向量的维度代表词的个数，频次代表这个词在语料中的权重。可以用 TF-IDF 算法来计算、评估某个关键词的权重，当然该方法也是一种词向量的构成手段。

TF-IDF 算法可以评估关键词在整段语料中重要程度。一个词的重要程度与它在某一段语料中出现的次数成正比，与它在其他语料中出现的次数成反比。简单来讲就是如果一个词在某篇文章中出现的次数很多，但是在其他文章中很少出现，那么我们认为这个词对于这篇文章比较重要。

TF-IDF 算法的计算公式如下：

$$TF - IDF = TF(t,d) \times IDF(t) \tag{4.25}$$

$$IDF(t) = \lg\left(\frac{m}{n}\right) \tag{4.26}$$

式中，$TF(t,d)$ 为关键词 t 在语料 d 中出现的频率，表 4-5 可以表示各词的 TF；$IDF(t)$ 为逆文档频率；m 为语料的总数；n 为包含关键词 t 的语料数量。TF-IDF 算法的计算结果如表 4-6 所示。

表 4-6　TF-IDF 算法的计算结果

	我	今天	审核	参加	完成	了	一个	这	台	重要	的	工程	项目	手术
TF-IDF（语料 1）	0	0	0.18	0	0	0	0.48	0	0	0.48	0.18	0.18	0.48	0
TF-IDF（语料 2）	0	0	0	0	0.48	0	0	0.48	0.48	0	0	0	0	0.48

续表

	我	今天	审核	参加	完成	了	一个	这	台	重要	的	工程	项目	手术
TF-IDF（语料 3）	0	0	0.18	0.48	0	0	0	0	0	0	0.18	0.18	0	0
IDF	0	0	0.18	0.48	0.48	0	0.48	0.48	0.48	0.48	0.18	0.18	0.48	0.48

从表 4-6 中可以看出各个词在每段语料中的权重，由于语料较少仅为讲解计算过程使用。经过 TF-IDF 计算，语料 1、语料 2、语料 3 可以表示为如下的向量形式。

语料 1=(0,0,0.18,0,0,0,0.48,0,0,0.48,0.18,0.18,0.48,0)

语料 2=(0,0,0,0,0.48,0,0,0.48,0.48,0,0,0,0,0.48)

语料 3=(0,0,0.18,0.48,0,0,0,0,0,0,0.18,0.18,0,0)

有兴趣的读者可以自己利用余弦相似度的计算方法计算这三段语料的距离。

TF-IDF 算法的计算方法简单，是早期自然语言处理发展的基础。同时 TF-IDF 算法也存在很多缺陷，如它没有考虑词的位置因素，只根据词频来进行分类。对于一些相对较生僻的词，计算出的 IDF 值会相对较高，这样的语料特征并不具有代表性。TF-IDF 算法也没有考虑语料内容的分布律关系，其计算完全依赖于寻找的语料话题的种类与数量。

2．词向量

词向量也叫词嵌入，其目的是将词转化为向量的形式提供给计算机进行运算，即将词映射到向量空间中。早期的词向量编码方式称为独热编码。独热编码将分类的语料表示为二进制向量，首先将词典中的词按照顺序排列，相应词的位置向量为 1，其余位置都为 0。设有词典 1、词典 2、词典 3，按照独热编码的方式处理如下。

词典 1：["中国" "美国" "德国"]。

中国-[1 0 0]。

美国-[0 1 0]。

德国-[0 0 1]。

词典 2：["男子" "女子"]。

男子-[1 0]。

女子-[0 1]。

词典 3：["羽毛球队""足球队""乒乓球队""篮球队"]。

羽毛球队-[1 0 0 0]。

足球队-[0 1 0 0]。

乒乓球队-[0 0 1 0]。

篮球队-[0 0 0 1]。

则"中国""男子""足球队"这 3 个词经独热编码的结果如下：

独热编码有以下 3 个缺点。

- 产生高维、稀疏的向量。
- 无法体现语序信息。
- 无法准确确定语义。

一般来讲，词典中词的数量众多，采用独热编码方式进行词向量编码必定会产生大量高维、稀疏的向量，每个词的向量含有的信息非常有限，这样的向量对于运算资源也是极大的浪费；独热编码无法体现语序信息；独热编码方式无法准确捕捉语义，即便是同义词也会被作为 2 个独立的词进行处理。

2013 年，Google 团队发布了词向量生成工具 Word2Vec，该工具对词的向量化具有极大的推动作用。Word2Vec 工具主要包含两个模型，即跳字模型和连续词袋模型，这是两个神经网络模型（神经网络内容详见 4.3 节）。以及两种高效的训练方法，即负采样（Negative Sampling）和层序 Softmax（Hierarchical Softmax）。

由上文可知，独热编码具有一些缺点，会导致一些问题，而 Word2Vec 工具可以解决这些问题。Word2Vec 工具重点刻画词与其前、后词的关联关系，是一种通过上下文来刻画某个词的向量的编码形式。如果两个词的上下文用词接近，那么这两个词也是近似的。所以在通过大量语料进行学习之后，我们会发现一些神奇的等式，如著名的国王与女王等式"国王–男人+女人=女王"，即"女王"可以用"国王–男人+女人"来表示。其实将等式变为"国王+女人=女王+男人"后可以较明显地看出"国王"与"女王"具有相近的上下文，"女人"与"男人"具有相近的上下文。采用 Word2Vec

工具对词进行向量化后，词的维度远远低于使用独热编码方式对词进行向量化后词的维度，这也体现了降维的思想。

Word2Vec 工具主要包含两个模型可以将词转化为通过上下文进行描述的词向量：一个称为跳字模型；另一个称为连续词袋模型。从直观上理解，跳字模型是基于目标词来输出其上下文的词，连续词袋模型是输入上下文的词来输出目标词。连续词袋模型与跳字模型输入与输出之间差异如图 4-37 所示。其中，$w(t)$表示目标词；$w(t-1)$与$w(t-2)$表示目标词之前的 2 个词；$w(t+1)$与$w(t+2)$表示目标词之后的 2 个词，这些词的使用体现了目标词与上下文的关系。

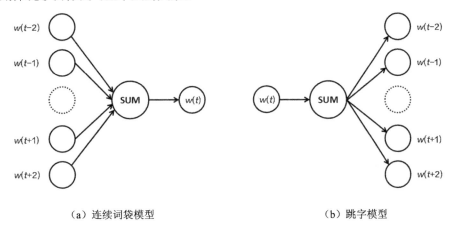

（a）连续词袋模型　　　　　　　　　　（b）跳字模型

图 4-37　连续词袋模型与跳字模型输入与输出之间的差异

例如，有一句话为"中国/羽毛球/队/获得/胜利"，假设只探究目标词前、后 1 个词，利用连续词袋模型可以表示为如下形式。

[中国，队]→羽毛球。

[羽毛球，获得]→队。

[队，胜利]→获得。

若使用"[中国，队]→羽毛球"来训练网络，则"[中国，队]"为输入变量，"羽毛球"为输出变量，连续词袋模型的网络结构如图 4-38 所示。由图 4-38 可以看出，连续词袋模型的输入层其实是独热编码形式的，相当于词"中国"的独热编码与词"队"的独热编码之和。有了输入与输出，就可以对网络进行训练（训练方法详见 4.3 节），中间层的 3 个节点是输入变量的线性组合，中间层的每根线都相当于一个权重，由于独热编码的编码特点为非 0 即 1，所以根据与输入层"羽毛球"这个变量相连的线所训练出的权重，就是"羽毛球"这个词的词向量。需要说明的是，用来学习的语料并不是一句话，而是大量的词、句，当语料扩增到一定程度时，相似的词会有类似的上下文与之关联。

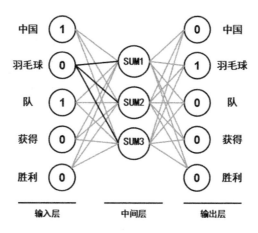

图 4-38　连续词袋模型的网络结构

上述语料使用跳字模型可以表示为如下形式。

羽毛球→[中国，队]。

队→[羽毛球，获得]。

获得→[队，胜利]。

跳字模型的输入和输出与连续词袋模型的相反，如图 4-39 所示。同样根据与输入层"羽毛球"这个变量相连的线所训练出的权重，就是"羽毛球"这个词的词向量。

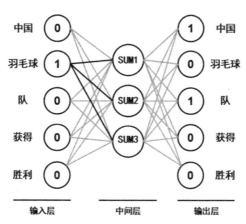

图 4-39　跳字模型的网络结构

由上述内容可见，通过 Word2Vec 工具可以构造出低维度的词向量，通过连续词袋模型与跳字模型将词向量从高维度映射到低维度，从而达到降维的效果，是一种非常有效的提取语料特征的方法。

4.4.3　循环神经网络

在将文本转化为词向量后，需要将词向量输入模型进行训练。适用于文本训练的模型非常多，如 KNN、支持向量机、贝叶斯网络、决策树等。本节主要介绍当前使用较为广泛的深度学习模型——循环神经网络。循环神经网络的特点是可以有效利用之前的输入信息，这一点非常符合语言的特点。

人类的语言具有时间序列特征，每种语言用词的先后顺序是一种相对固定的模式。我们在分析一段语料中的某些词时，往往需要分析其周边词的特征，特别是前面出现的词对后续词的影响。语句可以看作一种序列化的数据，我们在分析语句时必须保证对前序信息具有某种"记忆"功能，这样才能够准确、客观地分析当前词。循环神经网络就是这样一种具有"记忆"功能的神经网络结构。在一个序列输出时，当前的输出与前面的输出有关。从网络结构角度来讲，传统神经网络的节点是相互独立的，循环神经网络的节点具有序列的关系，隐藏层之间的节点不再是无连接的，并且隐藏层的输入不仅包括输入层的输出，还包括上一时刻隐藏层的输出，如图 4-40 所示。

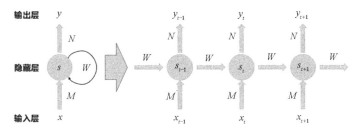

图 4-40　循环神经网络原理

如图 4-40 所示，循环神经网络的输入层输入 x 后，在隐藏层得到中间状态 s，随着训练数据按时序地输入，将上一个中间状态 s 与新的输入数据 x 共同输入神经网络，构成一个循环式的迭代。将这个过程展开，x_{t-1}, x_t, x_{t+1} 为循环神经网络不同时刻的数据输入序列；y_{t-1}, y_t, y_{t+1} 为对应的数据输出序列；M, N 为对应的输入与输出的权重。对于隐藏层而言，上一时刻输入所得到的中间状态 s_{t-1} 同样为作为输出，与 x_t 共同输入第二个节点进行运算并得到中间状态 s_t，节点间的权重为 W。这样就构成了循环神经网络的基本结构。

当使用循环神经网络来训练一个语句情感分析模型时，由于语句是由词组成的，所以可以将整个语句以词向量的形式输入循环神经网络进行训练。输出层是这个语句的感情倾向，如正面评价、负面评价、中性评价等，如图 4-41 所示。通过大量数据的训练，可以得到语句情感分析模型。

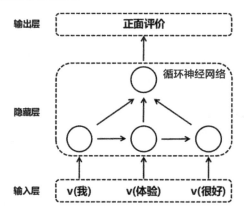

图 4-41　情感分析模型训练过程

如图 4-41 所示，商品评价为"我体验很好"，这是一个正面评价。将"我体验很好"分为 3 个词向量进行输入，输出层是态度倾向。经过大量数据的训练，通过循环神经网络构成语句情感分析模型。

循环神经网络在自然语言处理中有非常成功的应用，包括在词向量表达、语句合规性探索、词性标注等方面都具有很好的效果。目前在自然语言处理领域使用最广泛网络是 LSTM 神经网络，这是一个变形的循环神经网络。普通的循环神经网络难以保留相隔较远的数据间的关系，LSTM 神经网络正是为了解决长时间依赖问题而专门设计出来的。所谓长时间依赖，可以理解为早期的输入对后面的输出具有长时间的影响。举个简单的例子，在写论文时，我们往往会在开篇提出论点，全文的展开都是围绕着论点进行论述。这就可以看作一种长时间依赖，论文的结尾可能与论点提出的段落相隔甚远，但依然具有依赖关系。

自然语言处理技术在日常生活中有诸多应用。例如，机器翻译用到了大量的自然语言处理技术，可以对各国语言进行自动化翻译；自然语言处理技术用于商品用户留言的情感分析，可通过机器自动判别用户对商品的满意程度；智能问答系统已经在客服、医疗等场景落地，能够利用有限资源服务更多用户。

自然语言处理技术不限于本节所阐述的内容，很多机器学习算法同样可以进行自然语言处理，如 k 均值聚类、决策树、线性分类器、隐马尔可夫模型等。读者可以通过自己对算法的理解，将其应用适合的场景之下。

4.5　阿尔法狗系统的原理

Google 旗下人工智能研究部门 DeepMind 研发的阿尔法狗（AlphaGo）系统，在击败了人类围棋高手后名声大噪，阿尔法狗系统曾一度代表了人工智能技术的最高水平。阿尔法狗系统最初利用棋谱模仿人类棋手的对弈状态，在达到熟练的程度后，开始自己与自己进行对弈，通过最终棋局的输赢，反馈到之前每一步落子的决策过程，在自己与自己对弈了上千万盘棋局之后，形成了一套可以与人类围棋高手抗衡的围棋策略。

从技术上来讲，阿尔法狗系统的算法是一系列人工智能技术的组合，主要包含蒙特卡罗树搜索算法及强化学习理论体系。

了解阿尔法狗系统的算法过程，可以解决很多策略性的问题，计算机通过对人类策略的学习，可以输出类似人类策略的策略方案。现在已经有学者将阿尔法狗系统的技术原理成功应用于药物逆合成分析领域，并在《自然》上发表了相关文章。

笔者一直认为强化学习体系，特别是深度强化学习是未来人工智能发展的主要技术。强化学习的过程更像人脑对事物的反应，通过对事物因果过程的学习输出优化策略。本节主要讲解博弈论（Game Theory）基础、极小化极大（Minimax）算法、蒙特卡罗树搜索及强化学习体系基础，从而使读者了解阿尔法狗系统的工作原理。

4.5.1　博弈论基础

博弈论是研究具有斗争或竞争性质现象的数学理论和方法。博弈是指利益冲突的决策主体在相互对抗中相互依存的一系列策略和行动过程的集合。围棋一种策略游戏，重点在于双方策略的对抗，是典型博弈场景，故我们将其纳入博弈论的理论体系中进行分析。在博弈论体系中，我们关注的重点是策略依存性，这种依存关系在数学上存在一个最优解，即纳什（Nash）提出的均衡性理论。

纳什均衡（Nash Equilibrium）是博弈论分析的基础，从理解层面上讲非常简单，当每个博弈者的平衡策略都倾向于达到自己期望收益的最大值时，这种策略的组合即纳什均衡。

对于纳什均衡的解释有一个非常经典的案例。在耶鲁大学的博弈论公开课中，，老师让全班同学在 1～100 选择一个数字，如果有人选择的数字小于且最接近于整体数字平均值的 1/2 就算他赢。首先如果绝大多数人选择 100，那么选择 50 的这个同学赢得比赛，但这明显是不可能的，所以没有人会选择比 50 大的数字。如果没有人选择比 50 大的数字，那么按照上面的推算，也没有人会选择比 25 大的数字。这个游戏的胜者最终选择的数字会趋于理想值 0，这就是纳什均衡点。在首次游戏中，参与者都是不完美的决策者，但当游戏进行了多次后，最终输出的策略将会接近纳什均衡点。

博弈论中的信息与博弈顺序至关重要。从信息上来看，博弈场景可分为完全信息（Fully Information）对称与非完全信息（Partial Information）对称；从博弈顺序上来看，博弈过程可分为静态博弈（Static Game）与动态博弈（Dynamic Game）。

完全信息对称是指在博弈过程中所有状态与信息所有参与者都可以观察到，双方只需要通过观察状态就可以知道彼此的策略。最典型的完全信息对称场景就是棋类游戏，双方只需要通过观察棋盘上的状态就可以判断对方的策略。非完全信息对称是指参与者只能观察到自己的状态，在策略决策时需要考虑场上状态与自身状态。最典型的非完全信息对称场景是纸牌游戏，玩家手中的牌只有自己能够看到。

静态博弈是指在博弈过程中参与者选择策略时不知道另一个参与者之前选择的策略，反之亦然。静态博弈的策略选择可以同时进行也可以非同时进行，囚徒困境是经典的静态博弈场景。动态博弈是指参与者的行动具有先后顺序，后者根据前者的策略选择对应策略。棋牌类游戏都是典型的动态博弈场景。四种博弈模型间的关系如图 4-42 所示。

在整个博弈过程中，我们使用的算法都可以用来逼近纳什均衡点，不同的博弈场景使用的算法也不尽相同。蒙特卡罗树搜索主要用于解决组合博弈场景，这类场景包含以下几个要素。

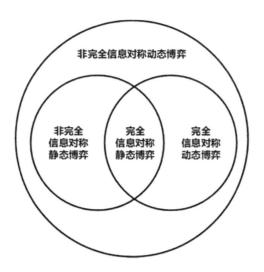

图 4-42　四种博弈模型间的关系

（1）零和游戏（Zero-Sum）：指博弈中所有参与者收益总和为 0，有输必然有赢，不存在合作、共赢、双输等状态。

（2）完全信息对称：在博弈过程中完全信息公开，通过公开状态确定策略。

（3）动态博弈：参与者根据之前的行动确定自身策略。

（4）离散性（Discrete）：没有连续型的操作，都是离散数据。

（5）确定性（Determinism）：整个博弈过程中不存在随机因素。

由此可见，蒙特卡罗树搜索主要用于解决组合博弈场景中的纳什均衡逼近问题，对于非信息对称场景，我们无法使用蒙特卡罗树搜索方法进行纳什均衡点的逼近，而应使用反事实遗憾算法（Counter Factual Regret，CFR）逼近均衡点。

4.5.2　极小化极大算法

在对博弈论有了基础认知之后，我们还需要了解传统博弈树搜索的原理，其中最基础的搜索算法就是极小化极大算法。

极小化极大算法经常用于双人博弈，其本质是寻找最优的方案，使自己获得最大利益。极小化极大算法有一个基本假设：假设自己足够聪明，总能够决策出对自己最有利的方案；而对手也足够聪明，总能决策出对自己最不利的方案。这个假设是一个理想状态，但可以将问题归一化，使决策过程易于计算。

下面以下围棋为例，说明极小化极大算法的计算过程。

A 棋手与 B 棋手进行围棋对弈，每人轮流执子，我们在整个对弈过程中截取 3 步，分为 3 个决策过程与 4 种状态，如图 4-43 所示。其中，三角形代表 A 棋手落子后棋盘的状态，简称 A 棋手状态；矩形代表 B 棋手落子后棋盘的状态，简称 B 棋手状态；箭头代表决策过程。

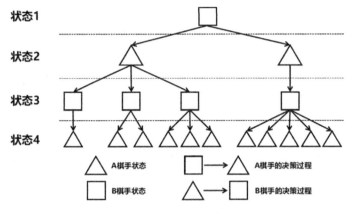

图 4-43　A 棋手与 B 棋手对弈的过程

如图 4-43 所示，在状态 1 中，矩形表示 B 棋手状态已定，轮到 A 棋手落子（由于本例是从整个下棋过程中截取了 3 步，所以除此 3 步之外的过程没有画出）；在状态 2 中，两个三角形表示 A 棋手有 2 个落子选择，会形成不同的 2 种状态；在状态 3 中，B 棋手根据 A 棋手状态而进行决策，一共会产生 4 种状态；在状态 4 中，情况与状态 3 中类似，只是 A 棋手最后的落子选择更多。由于围棋的特点是不到棋局结束就无法判定输赢，所以只有在棋局结束之后，才能从最后一步来向上推算出每个步骤的胜率，在确定胜率之后计算机才能通过胜率来进行策略训练。我们暂且不讨论如何计算每个步骤的胜率，先来通过向上推算胜率的过程来体会极小化极大算法。由于是自下向上推导，所以首先得到状态 4 中 A 棋手的胜率，如图 4-44 所示。三角形中的数字代表 A 棋手的胜率，数字越大对 A 棋手越有利。

从状态 3 到状态 4 的过程是 A 棋手的决策过程，无论状态 3 的情况如何，A 棋手会挑选最大胜率，如图 4-45 所示。

由于胜率是相对而言的，所以对 A 棋手越有利对 B 棋手就越不利。从状态 2 到状态 3 的过程是 B 棋手的决策过程，B 棋手会选择对 A 棋手最不利的策略，如图 4-46 所示。

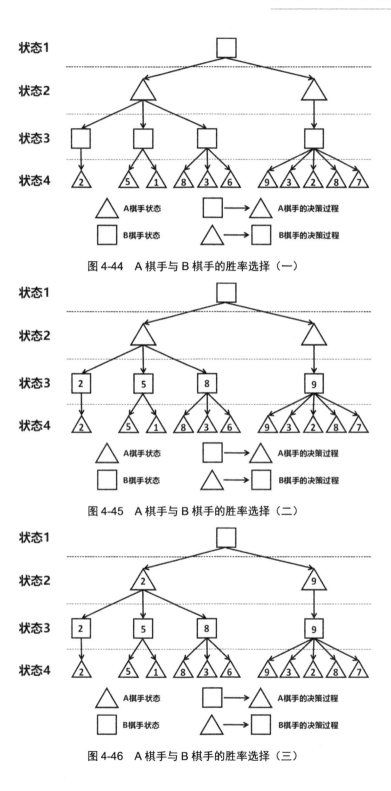

图 4-44　A 棋手与 B 棋手的胜率选择（一）

图 4-45　A 棋手与 B 棋手的胜率选择（二）

图 4-46　A 棋手与 B 棋手的胜率选择（三）

同理，从状态 1 到状态 2 的过程是 A 棋手的决策过程，A 棋手会选择对自己最有利的策略，如图 4-47 所示。从上述描述中可以看出，A 棋手总是选择策略中的最大值，而 B 棋手总是选择策略中的最小值，这就是极小化极大算法的基本原理。

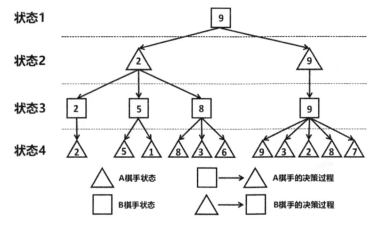

图 4-47　棋手 A 与 B 棋手的胜率选择（四）

如果将极小化极大算法用在真正的围棋对弈中，会出现很多问题，主要包括以下两点。

其一，胜率值难以计算。在几乎所有的棋类游戏中，双方必须走完全局才能分出胜负，围棋的终点更是双方都认同的终局，这一点计算机无法判断，也就很难计算胜率。

其二，搜索树太广。围棋棋盘横向、纵向各 19 条线，一共构成 361 个交叉点，每一步落子都会形成相当多的可能性，形成一个庞大的搜索树。由于计算量太大，在应用过程中也是不现实的。

基于极小化极大算法的思路开发出来的蒙特卡罗树搜索算法较好地解决了上述两个问题，从而成为了阿尔法狗系统的核心算法之一。

4.5.3　蒙特卡罗树搜索

由于极小化极大算法存在一些问题，故一般采用蒙特卡罗树搜索算法对围棋对弈路径进行计算。围棋对弈的过程是一个博弈的过程，蒙特卡罗树搜索算法结合了博弈均衡原理，可有效地降低搜索空间的复杂度。

1．均衡原理

均衡原理从字面理解就是平衡原理。在一个博弈过程中，双方都希望采用对自己最有利的策略，但是想要知道哪种策略对自己最有利，就需要长时间的思考，浪费的时间同样给了对方机会。这种顾此失彼的状态本身就是一种博弈。

均衡原理的经典案例是老虎机的选择问题。假设我们面前有 5 台老虎机，拉动每台老虎机上的游戏杆就可能得到不同数量的钱或什么也得不到。现在提供 100 次拉动游戏杆的机会，我们采用什么样的策略才能获得更多的钱？每台老虎机的回报都服从一个随机的概率分布，我们在没有拉动游戏杆时，对这种概率分布一无所知。我们在拉动某台老虎机上的游戏杆时，只能逐渐清楚这一台老虎机的回报概率分布，而且有可能回报最大的老虎机并不是我们正在操作的这一台。这样我们在确定回报概率分布的同时，选择回报最大的老虎机与有限次数的拉动游戏杆的机会形成了一个博弈，构成一种此消彼长的状态。很明显，我们的策略需要在尽可能多地操纵老虎机与选择已知回报最大的老虎机之间寻求一种平衡。在操纵老虎机的过程中，尽可能多地尝试操纵不同的老虎机，我们称为探索（Explorer）策略；在同一台老虎机上取得回报，我们称为利用（Exploit）策略。

有一种被称为上限置信区间（Upper Confidence Bound，UCB）的算法可以用于度量探索策略与利用策略的均衡关系。UCB 算法为每台老虎机构建了一个关于回报的函数，如式（4.27）所示。

$$UCB = \bar{x}_i + c\sqrt{\frac{2\ln n}{n_i}} \qquad (4.27)$$

式中，$\bar{x}_i$ 为第 i 台老虎机的平均回报；n 为到目前为止拉动游戏杆的总次数；n_i 为拉动第 i 台老虎机上的游戏杆的次数；c 为加权系数。在式（4.27）中，第一项代表利用策略，第二项代表探索策略。如果只有第一项，就是一个纯利用策略，即只认准一台老虎机的回报，而放弃对其他老虎机的探索，采用纯利用策略很容易陷入局部最优。式（4.27）的第二项代表探索策略，探索策略可以当作一个对几台老虎机了解多少的指标，了解得越少第二项越大。

UCB 算法很好地平衡了探索策略与利用策略，在围棋对弈中计算机采用搜索的方式去选择策略。在棋盘中某个位置落子的胜率相当于老虎机的回报；在棋盘中的策略搜索过程相当于多次尝试拉动不同老虎机上的游戏杆。显然一盘棋局的步数是有限的，需要在有限的步数中探索具有高胜率的落子位置，这正体现了博弈均衡的思想。

2. 算法过程

蒙特卡罗树搜索就是在 UCB 算法的基础上发展出来的一种解决多轮序贯博弈问题的算法。多轮序贯指的是多次、多步决策，双方每次按照顺序进行对弈。蒙特卡罗树搜索包含四个步骤，依次为选择（Selection）、扩展（Expansion）、模拟（Simulation）、反向传播（Back Propagation）。

计算机通过蒙特卡罗树搜索算法来确定自己的落子策略，如图 4-48 所示。由于下围棋时对弈双方轮流执子，故用深色节点代表一方棋手落子后棋盘的状态，用浅色节点代表另一方棋手落子后棋盘的状态。在每个节点中标有 "*m/n*" 的数字标识，其中 "*m*" 代表在该节点计算机棋手获胜的次数，"*n*" 代表计算机对该节点的访问次数，访问可以理解为对该节点进行的一次评估。在整个下棋过程中，计算机始终在计算自己获胜的可能性，从而选择一条能使自己获胜次数多的路径落子。

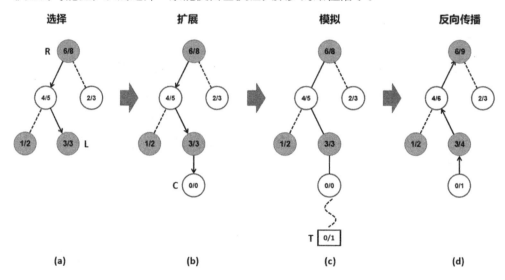

图 4-48　蒙特卡罗树搜索算法实现过程

（1）选择。首先，从节点 R 开始向下搜索选择子节点，直到叶子节点 L，如图 4-48（a）所示。搜索的依据是寻找具有更多获胜次数与访问次数的节点进行选择，选择的计算方式就是 UCB 算法，在围棋中可以表示为式（4.28），通常称为树型上限置信区间（Upper Confidence Bound Apply to Tree，UCT）算法。

$$\text{UCT} = \frac{m_i}{n_i} + c\sqrt{\frac{\ln N_i}{n_i}} \tag{4.28}$$

式中，m_i 为当前节点的获胜次数；n_i 为当前节点的访问次数；c 为加权系数；N_i 为所有节点的访问次数。

（2）扩展。如果某方棋手能够确定自己在棋局中的输赢，则围棋对弈在叶子节点 L 处结束，否则基于叶子节点 L 扩展出一个或多个没有被访问过的子节点 C。该步骤可以理解为之前的棋局状态计算机都已经评估过，但棋局并没有结束，需要继续向后拓展棋局状态。这些状态是之前从未被评估过的，如图 4-48（b）所示。

（3）模拟。以扩展出的子节点 C 为起点，进行蒙特卡罗模拟（Monte Carlo Simulation）直到棋局结束。模拟开始于子节点 C，终止于能够分辨输赢的棋局终局节点 T 的动作序列。如图 4-48（c）所示，在达到棋局终局节点 T 时，计算机经过访问该节点发现自己在该节点没有赢，即按照这样的路径下棋对方会赢。

（4）反向传播。由于计算机棋手在棋局终局节点 T 没有赢，所以需要向上反馈、更新这条路径中所有节点的获胜次数与访问次数，如图 4-48（d）所示，完成更新后再进入下一轮的选择和模拟过程。按照这种方法，计算机可以计算棋局内所有节点的获胜次数与访问次数，也就是获得每种棋局状态，从而制定落子策略。

蒙特卡罗树搜索算法通过选择节点过程缩小了搜索的宽度，通过模拟过程降低了搜索的深度，因此蒙特卡罗树搜索算法是一种高效的绝对复杂博弈问题的搜索策略。

4.5.4　强化学习

强化学习算法是阿尔法狗系统中另一类核心算法，在阿尔法狗系统中有两大核心网络与强化学习有关。强化学习是以"试错"的方式进行学习和发展的，在环境中与环境发生交互，从而产生不同的行为。智能体（Agent）做出动作（Action）去影响环境（Environment），得到新的状态（Condition）同时获得奖励（Reward），通过学习奖励与状态影响智能体产生下一个交互。智能体与环境的交互过程如图 4-49 所示。

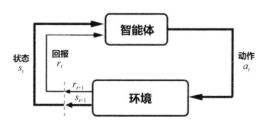

图 4-49　智能体与环境的交互过程

例如，我们需要设计使一只青蛙走出房间的程序，则青蛙走到岔路口时是向左拐还是向右拐需要进行训练，每一次正确的动作会给予奖励，正确的标志就是青蛙最后走出了迷宫。这就与我们人类在生活中获得知识，在知识得到确认后得以加强的原理类似。

强化学习经常在游戏中应用，走迷宫就是就经典的例子之一。让计算机自己玩超级玛丽，也是通过强化学习训练得到的结果。在强化学习中，有以下几类对象。

代理（也叫智能体）：可自由移动的对象，可以理解成在游戏中受控制的主人公。

动作：动作由智能体做出，包括上下、左右移动等动作。

奖励：智能体获得的奖励，可以理解成针对相应动作的权重增大。

环境：智能体所处于的环境，如迷宫或者棋盘。

状态：智能体所处状态，如位于迷宫中某个位置、与敌人或砖块的距离等。

目标：智能体所能获得更多奖励的途径。

其实强化学习就是通过学习过程来追求最大奖励，以更加接近目标的过程。上面的几类对象是强化学习的具体组成部分。强化学习的主要任务是在环境中不断地尝试，根据尝试获得的反馈信息调整策略，最终生成一个较好的策略，智能体根据这个策略便能知道在什么状态下应该执行什么动作。下面我们通过一个例子来说明强化学习的基本原理。

迷宫示例图如图 4-50 所示。将青蛙放到任意一个房间中，使它经过训练能走出这个房间，也就是进入 5 这个大房间。

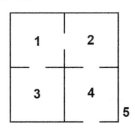

图 4-50　迷宫示例图

在这个例子中，我们可以清楚地看到从房间 1 能到房间 3 和房间 2，从房间 3 只能到房间 1 等。按照如图 4-50 所示的布局，可以将房间的连通关系抽象为如图 4-51

所示的形式。

如图 4-51 所示，每个节点代表一个房间，箭头可以表示房间之间的连通关系，使青蛙进入房间 5 是我们的设计目标，假设青蛙在进入房间 5 之后不再离开。假设将青蛙放到房间 1 中，我们希望青蛙能够走到房间 5 中，如图 4-52 所示。由于我们无法预知在达到目标之前青蛙的行为是否能够接近目标，所以我们设计只奖励最后达到目标的那一步。

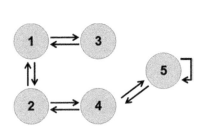

图 4-51　房间的连通关系

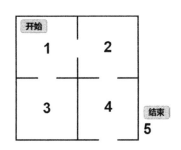

图 4-52　青蛙走迷宫示例图

在将青蛙放到房间 1 之后，有两个要点需要我们特别关注——状态与动作。青蛙目前的状态就是在房间 1 中，如果向下移动到房间 3，那么状态就是房间 3；动作是指从房间 1 移动到房间 3 这个行为。我们训练的目的就是根据状态来选择适当的行为以达到目标。青蛙动作的奖励机制如图 4-53 所示。

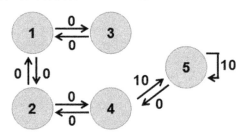

图 4-53　青蛙动作的奖励机制

根据以上内容，我们可以将状态和动作分别作为矩阵的行与列来构造奖励矩阵 R。其中列定义为状态，行定义为动作。动作以动作发生后所处的状态来表示。在奖励矩阵 R 中，0 代表没有奖励，"-"代表两个房间不连通，10 代表相应的奖励值。例如，$R(1,3)$ 代表从房间 1 移动到房间 3 获得的奖励，该奖励是 0。

$$R = \begin{array}{c} \\ 1 \\ 2 \\ 3 \\ 4 \\ 5 \end{array} \begin{array}{ccccc} 1 & 2 & 3 & 4 & 5 \\ \left[\begin{array}{ccccc} 0 & 0 & 0 & - & - \\ 0 & 0 & - & 0 & - \\ 0 & - & 0 & - & - \\ - & 0 & - & 0 & 10 \\ - & - & - & 0 & 10 \end{array}\right] \end{array}$$

下面我们通过奖励矩阵 R 构造策略矩阵 Q，这才是强化学习的真正内涵所在。策略矩阵 Q 的内涵是从奖励矩阵 R 中学到的知识，也就是 Q 代表青蛙在不同状态下移动的策略。我们将状态记作 c，动作记作 a。Q 与 R 同阶，列表示状态，行表示动作。基本的 Q 学习公式如下：

$$Q(c,a) = R(c,a) + \gamma \max\{Q(c',a_{all})\} \tag{4.29}$$

式中，(c',a_{all}) 表示 (c,a) 下一状态的状态和所有可能的动作；$\max\{Q(c',a')\}$ 为寻求下一状态中所有动作中使 $Q(c,a)$ 最大的动作；γ 为初始学习参数，γ 越大代表体系越重视以往的学习经验，γ 越小代表体系越重视当前的奖励。

Q 的初始状态为全 0 矩阵：

$$Q = \begin{bmatrix} 0 & 0 & 0 & 0 & 0 \\ 0 & 0 & 0 & 0 & 0 \\ 0 & 0 & 0 & 0 & 0 \\ 0 & 0 & 0 & 0 & 0 \\ 0 & 0 & 0 & 0 & 0 \end{bmatrix}$$

根据式（4.29）计算 $Q(4,5)$，即从房间 4 到房间 5 所获得的奖励，设初始学习参数 $\gamma = 0.9$，则

$$\begin{aligned} Q(4,5) &= R(4,5) + 0.9 \times \max\{Q(5,4), Q(5,5)\} \\ &= 10 + 0.9 \times 0 \\ &= 10 \end{aligned}$$

则 Q 矩阵变为

$$Q = \begin{array}{c} \\ 1 \\ 2 \\ 3 \\ 4 \\ 5 \end{array} \begin{array}{ccccc} 1 & 2 & 3 & 4 & 5 \\ \left[\begin{array}{ccccc} 0 & 0 & 0 & 0 & 0 \\ 0 & 0 & 0 & 0 & 0 \\ 0 & 0 & 0 & 0 & 0 \\ 0 & 0 & 0 & 0 & 10 \\ 0 & 0 & 0 & 0 & 0 \end{array}\right] \end{array}$$

按照以上步骤依次计算 $\boldsymbol{Q}$ 中的所有元素，经过多次迭代计算，最后 $\boldsymbol{Q}$ 收敛稳定。经过整理得到 $\boldsymbol{Q}_{收敛}$ 为

$$\boldsymbol{Q}_{收敛} = \begin{array}{c} \\ 1 \\ 2 \\ 3 \\ 4 \\ 5 \end{array} \begin{array}{ccccc} 1 & 2 & 3 & 4 & 5 \\ \begin{bmatrix} 0 & 20 & 0 & 0 & 0 \\ 10 & 0 & 0 & 50 & 0 \\ 10 & 0 & 0 & 0 & 0 \\ 0 & 20 & 0 & 0 & 100 \\ 0 & 0 & 0 & 50 & 100 \end{bmatrix} \end{array}$$

由 $\boldsymbol{Q}_{收敛}$ 可知，将青蛙放到房间 1 中后，其走到房间 5 的最佳路径为 1→2→4→5，如图 4-54 所示。

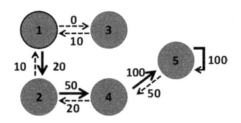

图 4-54 青蛙走迷宫策略

本节通过青蛙走迷宫的例子，简述了强化学习的基本原理。强化学习在智能体与环境的交互中得到信息，从而为智能体的动作增加策略。

强化学习理论体系能够解决很多策略类问题，应用场景也不仅是游戏策略。当前在药物的逆合成分析过程中，也使用了很多此类算法。逆合成分析过程指的是将一个目标分子进行逆向分解，最终得到原料的过程。通过逆合成分析过程，化学家可以探索药物分子的合成策略。2018 年上海大学的 Mark Waller 教授在《自然》上发表了基于蒙特卡罗树搜索处理逆合成分析的文章，引起了国际学术界的关注，同时也推动了人工智能在业务场景应用方面的进步，目标分子逆合成分析过程如图 4-55 所示。

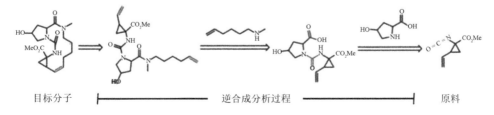

图 4-55 目标分子逆合成分析过程

4.5.5　阿尔法狗系统

1. 原理概述

基于前文所述的基础知识，我们可以讲解阿尔法狗系统的原理。首先概括一下阿尔法狗系统的基本原理：算法总框架为蒙特卡罗树搜索算法，在算法框架下引入两个神经网络，即策略网络（Policy Network）和价值网络（Value Network），并利用监督学习方法与强化学习方法训练这两个网络。

围棋棋局状态千变万化，计算机不可能在明确所有的状态之后再做出决策，所以问题的关键在于减小搜索空间，降低搜索深度。

减小搜索空间的方法首先是模仿高手下棋。围棋传承了上千年，留下了很多棋谱与对弈过程的数据，计算机需要对这些数据进行学习。通过对这些数据的学习，阿尔法狗系统有了自己的知识库。这个过程其实是一种监督学习过程。但是由于人类留下来的棋谱毕竟是有限的，所以阿尔法狗系统开始利用强化学习进行自我对弈，以丰富这个知识库。阿尔法狗系统每天会进行数百万盘棋的自我对弈，使这个知识库越来越完善。

降低搜索深度的方法是进行模拟与胜率评估。通过对每盘棋局状态的评估分析，可以得出在当前状态下哪种落子策略最可靠。在探索未知棋局状态时，通过模拟手段对棋局进行探索，并能够返回胜率、更新权重。

综上所述，阿尔法狗系统总体基于蒙特卡罗树搜索算法框架，通过不同的神经网络提高各部分精度，优化算法，从而减少运算时间。

2. 算法过程

阿尔法狗系统的算法过程可分为两个阶段，即模型学习阶段与对弈阶段，如图 4-56 所示。

1）模型学习阶段

在模型学习阶段首先利用上万张专业棋手的棋谱来训练两类策略网络，采用的是监督学习的训练方法。这两类策略网络分别为监督学习策略网络（Supervisor Learning Policy Network）与快速走棋策略网络（Fast Rollout Policy Network）。监督学习策略网络是深度卷积神经网络，是基于棋局的全局特征与局部特征训练得到的。这个网络的主要作用是根据当前棋盘的状态，判定下一步在何处落子。快速走棋策略网络是根据一个线性模型训练出来的策略网络，根据棋局的局部特征来快速制定走棋策略。监督学习策略网络落子策略准确，但是计算速度很慢；快速走棋策略网络落子策略不准确，但是计算速度非常快。

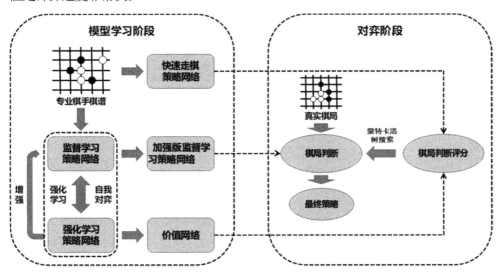

图 4-56　阿尔法狗系统的算法过程

利用训练好的监督学习策略网络进行自我对弈，再利用强化学习算法来调整监督学习策略网络的参数，可以得到加强版监督学习策略网络。其实通过强化学习算法也可以得到一个策略网络，称为强化学习策略网络（Reinforcement Learning Policy Network），对弈过程是监督学习策略网络与强化学习策略网络之间的对弈，这就是阿尔法狗系统每天自我对弈数百万盘棋的过程。

在阿尔法狗系统自我对弈数千万盘棋之后，会得到很多数据，其中包含棋局的胜负结果。通过强化学习策略网络可训练出一个价值网络（Value Network），用于判定自己在棋局中的输赢概率，也就是落子状态的价值。

2）对弈阶段

首先根据真实棋局提取特征，利用加强版监督学习策略网络进行棋局判定，预估出在各个位置落子的有利概率。利用价值网络与快速走棋策略网络来判断局势，根据之前由加强版监督学习策略网络判定的程度结果进行蒙特卡罗树搜索，模拟出最后的输赢状态，并向上反馈、更新每个节点的胜率（具体过程参见 4.5.2 节的内容）。通过几个网络的协同计算，得到最佳走棋策略。

阿尔法狗系统代表了当前人工智能技术的较高水平。基于阿尔法狗系统的原理，人们开发了目标分子逆合成分析系统、质谱预测系统、工业策略优化系统、自动选股模型等诸多产品。我们在构建人工智能产品时，若要解决策略博弈类问题可以考虑使用类似的方法构建模型。

4.6 机器的逻辑推断

人工智能技术的发展使计算机拥有了类人脑的特征，人类智能中很重要的一项能力就是逻辑推断与归纳。同理，在人工智能领域也有相应的机器逻辑推断模型，称为概率图模型。

概率图模型用途非常广泛，凡是涉及逻辑推断方面的任务，都可以转换为概率图模型让机器进行学习。例如，在医疗领域，症状与具体病症之间就是一个逻辑推断的概率问题；在人机对话领域，机器可以对用户提出的问题进行自动分析，并设计答案。

概率图模型分为两种类型：有向图模型与无向图模型。有向图模型可以表示变量间的依赖关系，如变量之间的逻辑关系，有向图模型的代表是贝叶斯网络；无向图模型可以表示变量间的相关关系，无向图模型的代表是马尔可夫网络（Markov Network，MN）。

4.6.1 贝叶斯理论

在日常生活中，很多事件都存在相互依赖的关系。例如，每天的天气可以决定我们出行乘坐的交通工具，出行乘坐的交通工具能够决定我们到达目的地的时间，又能影响我们路上会遇到哪些人。各个事件就像一个大网络，相互影响，这一系列相互关系的事件，其实就是一类推理模型。贝叶斯理论提供了一种用于表示因果关系的框架，这使得不确定性推理在逻辑上变得清晰。贝叶斯理论的基础是贝叶斯定理，也就是朴素贝叶斯理论。

1. 朴素贝叶斯理论

先来看一个例子，大家有没有想过自己在公交上遇到熟人的概率是多少？

自己在公交上遇到熟人其实包含两个事件：一个是来的公交正好是你要乘坐的那一辆；另一个是这一辆公交上有你的熟人。来的公交正好是你要乘坐的那一辆的概率是根据以往的经验推断出来的，是先验概率；这一辆公交上有你的熟人的概率是在上一个事件的条件下产生的条件概率。两者的乘积才是自己在公交上遇到熟人的真正概率。

在现实生活中，很少有两个事件是完全独立的，或者我们很难确定一个事件的概率，但是可以通过已经发生的事件的概率进行计算。在朴素贝叶斯理论中，事件 A 和事件 B 并不独立，朴素贝叶斯理论的基本公式如下：

$$P(B)P(A|B) = P(A)P(B|A) \qquad (4.30)$$

朴素贝叶斯理论有两种理解方式。第一种理解方式是，公式（4.30）等号两边描述的都是事件 A 和事件 B 同时发生的概率，故式（4.30）必然成立。第二种理解方式是，可以将式（4.30）改写为以下结构：

$$P(A|B) = P(A)\frac{P(B|A)}{P(B)} \qquad (4.31)$$

式中，$P(A|B)$ 为后验概率，这个概念在 4.2.2 节中进行过讲述；$P(A)$ 为事件 A 的先验概率。式（4.31）可以看作事件 A 后验概率 $P(A|B)$ 等于先验概率 $P(A)$ 与一个因子相乘。这个因子记作 r，表示如下：

$$r = \frac{P(B|A)}{P(B)} \qquad (4.32)$$

r 可以理解为一个百分数，描述的是在事件 A 发生的条件下事件 B 发生的概率占事件 B 的先验概率 $P(B)$ 的百分比，这个百分数可用来修正先验概率 $P(A)$、计算后验概率 $P(A|B)$。由此可知，全概率公式为

$$P(B) = \sum_{i=1}^{n} P(B|A_i)P(A_i) \qquad (4.33)$$

对于由 $A_1, A_2, \cdots, A_n$ 构成的一个完备的事件组，由于事件 B 在事件组 $A_1, A_2, \cdots, A_n$ 发生的条件下才会发生，故事件 B 的先验概率与事件组 $A_1, A_2, \cdots, A_n$ 发生的概率有关，也与事件 B 的条件概率有关，故事件 B 的先验概率 $P(B)$ 如式（4.33）所示。

【**例**】我国乙肝病毒携带者的发病率为 4.4%，检验结果呈阳性的准确率为 99.5%，在确定结果的过程中存在 3.5% 的漏报或者失误。假设某人的检查结果呈阳性，则其患病的概率是多少？

这个例子主要研究的是患病与检查结果呈阳性之间的关系，假设事件 A 为患病，事件 B 为检查结果呈阳性，求 $P(A|B)$。

$$P(A|B) = P(A)\frac{P(B|A)}{P(B)} = P(A)\frac{P(B|A)}{\sum_{i=1}^{n}P(B|A_i)P(A_i)} \qquad (4.34)$$

经过分析得到，事件 A 只有两个子事件——患病与未患病，则

$$P(A) = 0.044 , \quad P(\overline{A}) = 0.956$$

$$P(B|A) = 0.995 , \quad P(B|\overline{A}) = 0.035$$

$$P(B) = P(B|A)P(A) + P(B|\overline{A})P(\overline{A}) \approx 0.077$$

将上述概率代入式（3.34）得

$$P(A|B) = P(A)\frac{P(B|A)}{P(B)} = 0.044 \times \frac{0.995}{0.077} \approx 0.57$$

由此可见，在检查结果呈阳性时，患病的概率为 57%。

下面我们来讨论贝叶斯分类器。我们将式（4.31）改写为训练样本的形式：

$$P(m|x) = \frac{P(x|m)P(m)}{P(x)} \qquad (4.35)$$

式中，m 为分类的类别；x 为训练样本的属性值。贝叶斯分类器需要确定后验概率 $P(m|x)$，即在训练样本产生后的类别归属问题。由最大似然定理构造似然函数：

$$P(x|m) = \prod_{i=1}^{n}P(x_i|m) \qquad (4.36)$$

将式（3.36）代入式（3.35）得

$$P(m|x) = \frac{P(m)}{P(x)}\prod_{i=1}^{n}P(x_i|m) \qquad (4.37)$$

式中，n 为训练样本的属性个数；x_i 为相应的属性值。

由于训练样本是已经存在的，$P(x)$ 对于每个类别来讲都是一样的，即 $P(x)$ 对分类行为没有贡献，故可将 $P(x)$ 省略。朴素贝叶斯分类器可以表示为

$$H(x) = \max \left\{ P(m) \prod_{i=1}^{n} P(x_i \mid m) \right\} \tag{4.38}$$

我们需要利用训练样本的已知分类来确定未知分类的情况。在进行分类的过程中，首先要计算 $P(m)$ 和 $P(x_i \mid m)$。

对于先验概率 $P(m)$，设训练样本总体为 Q，令 Q_m 表示属于类别 m 的训练样本，count 函数是计数函数，则先验概率 $P(m)$ 可以表示为

$$P(m) = \frac{\text{count}(Q_m)}{\text{count}(Q)} \tag{4.39}$$

对于条件概率 $P(x_i \mid m)$，存在两种情况，如果属性取值是离散型的，如性别、颜色等，则条件概率 $P(x_i \mid m)$ 可以表示为

$$P(x_i \mid m) = \frac{\text{count}(Q_{m,x_i})}{\text{count}(Q_m)} \tag{4.40}$$

式中，Q_{m,x_i} 为在类别 m 下第 i 属性取值为 x_i 的训练样本。如果属性取值是连续型数据，则数据服从正态分布，即

$$P(x_i \mid m) = \frac{1}{\sqrt{2\pi} \sigma_{m,i}} e^{\frac{-(x_i - \mu_{m,i})^2}{2\sigma_{m,i}^2}} \tag{4.41}$$

式中，$\mu_{m,i}$，$\sigma_{m,i}^2$ 分别表示类别 m 中的样本在属性 i 上的均值与方差。

【例】已知某患者饮水量多、尿量多、进食量中等、BMI 为 29.5，则其患糖尿病的概率为多少？糖尿病影响因素表如表 4-7 所示。

表 4-7　糖尿病影响因素表

编号	饮水量	尿量	进食量	BMI	是否患糖尿病
1	多	多	少	28.3	是
2	小	多	多	26.5	是
3	中等	多	多	27.1	是
4	少	少	多	24.3	否
5	中等	中等	多	25	是
6	少	少	中等	22.1	否
7	多	多	中等	25.5	是
8	多	中等	多	24.8	是
9	多	少	多	23.6	否
10	多	多	多	29.9	是

首先计算先验概率 $P(m)$，根据式（4.39）有

$$P(是否患糖尿病 = 是) = \frac{7}{10} = 0.7$$

$$P(是否患糖尿病 = 否) = \frac{3}{10} = 0.3$$

其次计算条件概率 $P(x_i \mid m)$，我们需要根据预测样本的属性值来计算条件概率

$$P(饮水量 = 多 \mid 是否是糖尿病 = 是) = \frac{5}{7} \approx 0.71$$

$$P(饮水量 = 多 \mid 是否是糖尿病 = 否) = \frac{1}{3} \approx 0.33$$

$$P(尿量 = 多 \mid 是否是糖尿病 = 是) = \frac{4}{7} \approx 0.57$$

$$P(尿量 = 多 \mid 是否是糖尿病 = 否) = \frac{1}{3} \approx 0.33$$

$$P(进食量 = 中等 \mid 是否是糖尿病 = 是) = \frac{1}{7} \approx 0.14$$

$$P(进食量 = 中等 \mid 是否是糖尿病 = 否) = \frac{1}{3} \approx 0.33$$

将连续型变量代入式（4.41）得

$$P(BMI = 29.5 \mid 是否是糖尿病 = 是) = 0.79$$

$$P(BMI = 29.5 \mid 是否是糖尿病 = 否) = 1$$

将上述结果代入式（4.37）得

$$P(预测糖尿病 = 有) = P(是否有糖尿病 = 有) \times P(饮水程度 = 多 \mid 是否有糖尿病 = 有) \times$$
$$P(尿量 = 多 \mid 是否糖尿病 = 是) \times P(进食量 = 中等 \mid 是否糖尿病 = 是) \times$$
$$P(BMI = 29.5 \mid 是否糖尿病 = 是) = 0.033$$

$$P(预测糖尿病 = 无) = P(是否有糖尿病 = 无) \times P(饮水程度 = 多 \mid 是否有糖尿病 = 无) \times$$
$$P(尿量 = 多 \mid 是否糖尿病 = 无) \times P(进食量 = 中等 \mid 是否糖尿病 = 无) \times$$
$$P(BMI = 29.5 \mid 是否糖尿病 = 无) = 0.01$$

由以上计算可知，上述患者疑似患糖尿病的概率大于未患糖尿病的概率，不过由于样本较少结论并不十分显著，可以增多训练样本数据以得到更为准确的结果。如果具有大量数据，就可以构成一个糖尿病自动诊断的系统。

2．贝叶斯网络

贝叶斯理论在机器学习中占有重要地位，是基于概率推断的一类机器学习方法的理论基础。但是在一个样本空间中，往往具有很多属性，每个属性有很多取值，从而构成一个以概率为基础的网络模型，称为贝叶斯网络。

贝叶斯网络也称为信念网络（Belief Network），它利用有向无环（一个不能构成环的有向图）来描述样本空间中属性间的相互关系，并使用条件概率表来描述属性间的联合概率分布情况。有向图是图论中的一个概念，我们抛开严谨的图论定义去理解有向图，如图 4-57 所示。

A 与 B 是两个人，可以简单地用贝叶斯网络中的两个节点表示。如果有一种关系为 A 借钱给 B，则可以表示为如图 4-57 所示的形式，这是一个有向图；如果 A 与 B 是朋友关系，则可以表示为如图 4-58 所示的形式，这是一个无向图。图的有环与无环比较好理解，能够构成封闭回路的称为有环图，无法构成封闭回路的称为无环图。

图 4-57　有向图　　　　　　　　　　　　　图 4-58　无向图

贝叶斯网络在当前的自然语言分析、搜索优化、语音识别等领域都有广泛的应用。出行问题的贝叶斯网络如图 4-59 所示。

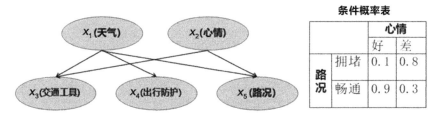

条件概率表

		心情	
		好	差
路况	拥堵	0.1	0.8
	畅通	0.9	0.3

图 4-59　出行问题的贝叶斯网络

如图 4-59 所示，每个变量就是贝叶斯网络中的一个节点。可以看出"交通工具"和"路况"都依赖于"天气"与"心情"，而"出行防护"（如戴口罩、防风镜等）仅依赖于"天气"。由条件概率表可知"心情"与"路况"间的依赖量化关系。

贝叶斯网络由两个要素构成：一个是网络结构；另一个是描述属性间依赖关系的条件概率表。训练样本数据的主要目的就是确定上述两个要素，从而构建贝叶斯网络模型，即如图 4-59 所示的网络结构和条件概率表是需要通过现有数据训练得到的。在使用贝叶斯网络时，一般是不知道网络结构的，我们需要根据现有数据去寻找网络结构合适的贝叶斯网络。网络结构的确定方法相对复杂，需要借助评分函数（Score Function）。通过评分函数对得到的贝叶斯网络进行评分，来评价贝叶斯网络与真实训练数据的匹配程度。

常用的评分函数基于信息论准则，主要分为两个部分：一是计算机对训练样本属性的编码长度，也就是贝叶斯网络所占用的字节数；二是根据由网络结构得到的依赖关系计算出的条件概率表对训练样本描述的准确性。

已知训练样本集 $X = \{x_1, x_2, \cdots, x_n\}$，$\vartheta(B \mid X)$ 为基于训练样本集 X 训练贝叶斯网络 B 的评分函数。

$$\vartheta(B \mid X) = u(\theta)\mathrm{count}(\theta) - \sum_{i=1}^{m} \ln P_B(x_i \mid \theta) \qquad (4.42)$$

式中，$u(\theta)$ 是贝叶斯网络中参数 θ 占用的字节数；$\mathrm{count}(\theta)$ 为贝叶斯网络中参数的数量，前两项的乘积用来描述整个贝叶斯网络 B 所占用的字节数；$\sum_{i=1}^{m} \ln P_B(x_i \mid \theta)$ 为贝叶斯网络中的对数似然函数。评分函数的意义在于寻找一种网络结构，使 $\vartheta(B \mid X)$ 尽可能小。

贝叶斯网络中最简单的模型为隐马尔可夫模型，其是一种典型的有向图模型，在语音识别、手写识别、自然语言处理等方面具有深度的应用。

3. 隐马尔可夫模型

隐马尔可夫模型是一类统计模型，可用于描述一个存在隐含参数的马尔可夫过程。该模型应用的重点在于需要通过能够观察到的参数确定隐含参数，再利用这些隐含参数做进一步的分析。隐马尔可夫模型是一类典型的有向图模型，在自然语言处理、语音识别等与时序相关的场景中应用广泛。下面通过一个经典的例子对隐马尔可夫模型进行介绍。

有 2 个骰子，一个是六面体骰子，称为 S1，另一个是八面体骰子，称为 S2，如图 4-60 所示。S1 是六面体的，投掷后能够得到 6 个结果；S2 是四面体的，投掷后能够得到 4 个结果。

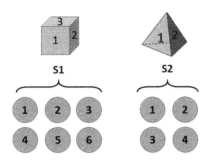

图 4-60　S1 与 S2 的基本信息

　　每次随机在 2 个骰子中任取一个，投掷 6 次，得到一串数字。假设投掷结果为 1,3,4,3,6,2，该结果称为可见状态链。这些数字是我们看到的 6 次投掷结果，在这个结果背后还有一个隐藏状态，即每次投掷使用的骰子类型，这 6 次投掷所用骰子的类型也会构成一个序列，称为隐藏状态链，如图 4-61 所示。从投掷结果来看，我们只能确定第 5 次投递使用的是 S1。投掷骰子的过程序列可看作一个隐马尔可夫模型。

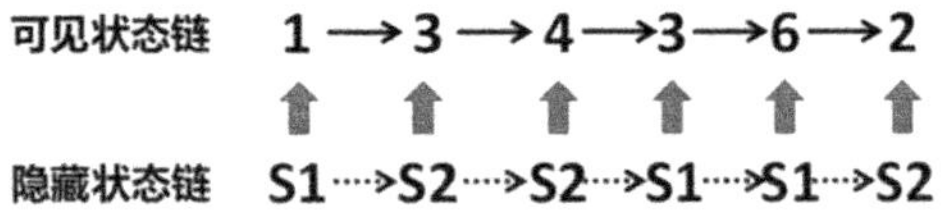

可见状态链　　1 → 3 → 4 → 3 → 6 → 2

隐藏状态链　　S1 ⋯> S2 ⋯> S2 ⋯> S1 ⋯> S1 ⋯> S2

图 4-61　骰子投递的隐马尔可夫过程

　　隐马尔可夫模型具有 5 个要素：可见状态链（O）、隐藏状态链（H）、初始状态概率（π）、转换状态概率（A）、输出状态概率（B），可以简写为 HMM（O,H,π,A,B）。

- 可见状态链是我们可以直接观测到的状态序列，投掷骰子得到的点数构成的序列就是可见状态链。

- 隐藏状态链是隐藏在可见状态链后的状态序列，与可见状态链一一对应。在投掷骰子的过程中，选择骰子类型构成的序列就是隐藏状态链。

- 初始状态概率是隐藏状态链第一项的概率。因为有 2 个骰子，所以每个骰子第一次被选中的初始状态概率都是 0.5。

- 转换状态概率是隐藏状态链转换时的概率。投掷骰子时，在第二次、第三次及以后的投掷过程中，每次投掷都需要选择骰子，由于只有 2 个骰子，所以每次的转化概率也是 0.5。对于复杂问题，可能每次转化概率都不相同，或者符合其他规则。

- 输出状态概率用来描述隐藏状态链到可见状态链的概率。由于 S1 有 6 个面，故输出状态概率为 1/6；由于 S2 有 4 个面，故输出状态概率为 1/4。

在初步了解隐马尔可夫模型后，我们通过一个词语分词的过程来说明隐马尔可夫模型的应用。词语分词指的是给出一个语言段落，程序可以自动切分出名词、动词、形容词等，分词技术就基于隐马尔可夫模型。

中文分词指的是给出一段中文语料，将语料分割为由 "BEMS" 组成的序列，B 代表词语中的起始字，M 代表词语中间的字，E 代表词语中的结束字，S 代表单个字的词。

例句：小张在清华大学工作。

对应的 "BEMS" 序列：小张（BE）在（S）清华（BE）大学（BE）工作（BE），即 BESBEBEBE。

在这个例句中，"小张在清华大学工作" 是可见状态链，"BESBEBEBE" 是隐藏状态链。

完成句子的分词还需要初始状态概率（π）、转换状态概率（A）与输出状态概率（B），这些概率如何得到呢？需要从用于训练的语料数据中得到。构建一个分词工具，我们首先需要大量已经标注好的语料来支持。标注语料是一项烦琐的工作，需要找到大量的文字段落并且标注好每个词的词性，也就是说需要将语料中的每个词以 "BEMS" 来进行标记。例如，现在使用较为普遍的中文分词工具 "结巴分词"，它使用《人民日报》中的语料作为训练集。通过训练集可以计算得到 3 个状态概率。假设我们通过大量语料训练，得到的 3 个状态概率表分别如表 4-8、表 4-9、表 4-10 所示。

表 4-8　初始状态概率表

语 料 分 割	π
B	0.4
E	0.01
M	0.09
S	0.38

表 4-9　转换状态概率表

语 料 分 割	A			
	B（后）	E（后）	M（后）	S（后）
B（前）	0.12	0.37	0.24	0.21
E（前）	0.08	0.19	0.04	0.03
M（前）	0.15	0.17	0.19	0.16
S（前）	0.22	0.02	0.11	0.21

表 4-10 输出状态概率表

语料分割	B								
	小	张	在	清	华	大	学	工	作
B	0.21	0.17	0.08	0.09	0.03	0.11	0.1	0.15	0.08
E	0.01	0.03	0.13	0.05	0.03	0.09	0.13	0.18	0.07
M	0.21	0.18	0.12	0.25	0.19	0.21	0.18	0.2	0.09
S	0.15	0.07	0.23	0.17	0.18	0.31	0.29	0.16	0.1

表 4-8 中的概率是指 BEMS 分别作为句子开始位置的概率。表 4-9 中的概率是指前一个位置类型确定后,下一个位置类型出现的概率。例如,若前一个位置为 B,则下一个位置出现 E 的概率为 0.37。表 4-10 中的概率是指在已经确定该位置的类型的条件下,某字的输出概率。例如,若已经将这个位置判定为 E,则输出"小"字的概率为 0.01,输出为"张"字的概率为 0.03。

假设用 O1,O2,O3,O4,O5,O6,O7,O8,O9 表示可见状态链"小张在清华大学工作",用 H1,H2,H3,H4,H5,H6,H7,H8,H9 表示隐藏状态链"BESBEBEBE",则分词任务相当于寻找 H1,H2,H3,H4,H5,H6,H7,H8,H9 使条件概率 P(H1,H2,H3,H4,H5,H6,H7,H8,H9|O1,O2,O3,O4,O5,O6,O7,O8,O9)最大。求解这个概率可以利用维特比(Viterbi)算法,由于算法过程比较烦琐在此不一一演算。通过隐马尔可夫模型,可将分词问题转化为概率求解问题。

隐马尔可夫模型大量应用在算法建模中,其主要解决三类问题:似然问题、解码问题和学习问题。

似然问题是指在已知(O,π,A,B)的情况下,求 P[(O)|(π,A,B)]。

解码问题是指在已知(O,π,A,B)的情况下,求(H)。分词问题就是一类典型的解码问题。

学习问题是指在仅已知(O)的情况下,求解(π,A,B),使 P[(O)|(π,A,B)]最大。

隐马尔可夫模型的用途还有很多,中文分词只是其中一个应用方向。如果将可见状态链(O)看作英文,将隐藏状态链(S)看作中文,那么隐马尔可夫模型可用于机器翻译;如果将可见状态链(O)看作图像符号,将隐藏状态链(S)看作文字,那么隐马尔可夫模型可用于文字识别;如果将可见状态链(O)看作语音,将隐藏状态链(S)看作文字,那么隐马尔可夫模型可用于语音识别。利用隐马尔可夫模型的关键在于分析自身业务逻辑与数据特点,合理利用才能达到良好效果。

4.6.2　马尔可夫网络

根据上一节的介绍，贝叶斯网络可以简单地理解为条件概率的一种复杂的表现形式，是一种很好的关系网络。但是也存在一些难以用贝叶斯网络表示出来的变量间的关系，如循环依赖关系。有编程基础的同学比较容易理解循环依赖的意义，简单来讲就是 A 的构造方法依赖于 B 的实例对象，同时 B 的构造方法依赖于 A 的实例对象，两者处于循环依赖的状态。这样的依赖关系我们可以用马尔可夫网络来进行描述。

马尔可夫网络是一类无向图模型，无向图中的每个节点代表一个或一组变量，节点间的连线代表变量之间的关系。马尔可夫网络是一种概率图模型，最终的输出形式为变量间关系的概率值。例如，需要利用饮食、酗酒、抽烟、晚睡、肺癌、肝癌等变量建立一个马尔可夫网络，以判定在某种生活习惯下可能得某种癌症的概率。我们可以设计一个函数，对抽烟与肺癌同时出现的情况赋予一个较高的值（概率），这样就使得马尔可夫网络加强了抽烟与肺癌的相关性。这个函数被称为势函数，势函数可以较好地对变量之间的关系进行度量。在构建一个多变量的马尔可夫网络时，我们并不是一一计算两个变量之间的关系，而是通过一种被称为"团"的结构将变量分割后再进行计算。团与势函数是马尔可夫网络中的两大基础概念。

1. 团

假设由 7 个变量 $\{x_1, x_2, x_3, x_4, x_5, x_6, x_7\}$ 组成了一个拥有 7 个节点的马尔可夫网络，如图 4-62 所示。

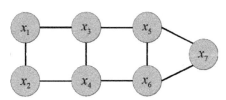

图 4-62　由 7 个变量组成的马尔可夫网络

对于图 4-62 中节点的一个子集，若任意两个节点都相连，则称该子集为一个团。如果在一个团中加入马尔可夫网络中的任何一个节点，都不再构成团，则称该团为极大团。图 4-62 中任意连接的两个节点都可以构成一个团。例如，$\{x_1, x_2\}$ 是一个极大团，将马尔可夫网络中任何一个节点加入该团，都不可能两两相连；集合 $\{x_5, x_6\}$ 是一个团，但不是一个极大团，将 $\{x_7\}$ 节点加入才能构成极大团 $\{x_5, x_6, x_7\}$。

2．势函数

势函数是用于度量变量相关性的函数，势函数给出的是一个权重值而非概率值。按照如图 4-62 所示的马尔可夫网络结构，可定义势函数如下：

$$\psi(x_1, x_2) = \begin{cases} 10, & x_1 = x_2 \\ 2, & x_1 \neq x_2 \end{cases}$$

马尔可夫网络会选择势函数取值较高的结果，如果势函数在 $x_1 = x_2$ 时有较高的取值，则说明该马尔可夫网络更偏好 x_1 和 x_2 拥有相同的取值。例如，是否抽烟与是否患肺癌的取值如果相同，并且势函数得到了较高的函数值，马尔可夫网络则会认为抽烟与患肺癌具有一致性。

对于整个马尔可夫网络而言，还需要确定其概率分布函数。所谓概率分布函数，就是描述随机变量取值分布规律的数学表达式。在马尔可夫网络中，概率分布函数可分解为其极大团的势函数的乘积，如式（4.43）所示。

$$P(x) = \frac{1}{Z} \prod_{Q \in C} \psi_Q(x_Q) \tag{4.43}$$

式中，$P(x)$ 为概率分布函数；C 为所有变量构成的团的集合；Q 为最大团的集合，所以有 $Q \in C$；$Z = \sum_x \prod_{Q \in C} \psi_Q(x_Q)$，为规范化因子，其作用是确保得到正确的取值，式（4.43）本质上是一个百分比值，可以得到较为规范的值；x_Q 为 Q 中的变量；ψ_Q 为 Q 的势函数，在 Q 中每个极大团都对应一个势函数。图 4-62 对应的 $P(x)$ 可表示为

$$P(x) = \frac{1}{Z} \psi_{12}(x_1, x_2) \cdot \psi_{13}(x_1, x_3) \cdot \psi_{24}(x_2, x_4) \cdot \psi_{34}(x_3, x_4)$$
$$\cdot \psi_{35}(x_3, x_5) \cdot \psi_{46}(x_4, x_6) \cdot \psi_{567}(x_5, x_6, x_7)$$

势函数是一个非负函数，它表示团的一个状态。

3．马尔可夫性

在概率运算中，式（4.44）成立的条件是 A 事件（变量）与 B 事件（变量）独立。如果 A 事件（变量）与 B 事件（变量）独立，且都以 C 事件（变量）为条件，则有式（4.45）。

$$P(AB) = P(A) \cdot P(B) \tag{4.44}$$

$$P(A,B\,|\,C) = P(A\,|\,C)\cdot P(B\,|\,C) \tag{4.45}$$

在马尔可夫网络中，各个变量之间相互关联，我们如何确定变量间的条件独立性呢？马尔可夫网络通常利用变量间的间隔性来确定这种条件独立性。如图 4-63 所示，整个马尔可夫网络被分为 3 个节点集，分别命名为节点集 A、节点集 B 与节点集 C。节点集 A 到达节点集 C 必须经过节点集 B 中的节点，也可以说节点集 A 与节点集 C 被节点集 B 分割，故全局马尔可夫性（Global Markov Property）的描述如下。

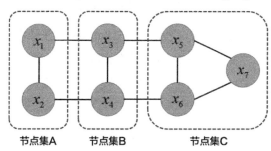

图 4-63　马尔可夫网络的分割

全局马尔可夫性：若两个变量子集被第三个变量子集分割，则这两个变量子集条件独立，条件为第三个变量子集可用式（4.46）表示。与全局马尔可夫性对应的还有局部马尔可夫性（Local Markov Property），以及成对马尔可夫性（Pairwise Markov Property）。

$$P(x_A,x_C\,|\,x_B) = P(x_A\,|\,x_B)\cdot P(x_C\,|\,x_B) \tag{4.46}$$

局部马尔可夫性：若变量 a 的所有邻接变量均为 b，则变量 a 条件独立于其他变量 c，即在给定某个变量的邻接变量取值的条件下，该变量的取值与其他变量无关。局部马尔可夫性图示如图 4-64 所示。

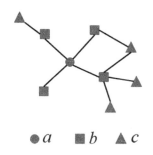

●a　■b　▲c

图 4-64　局部马尔可夫性图示

成对马尔可夫性：两个非邻接的变量条件独立。对于马尔可夫网络，如果两个变量不邻接，则可以认为这两个变量由一个节点集分割。这样则满足全局马尔可夫性，从而成对马尔可夫性成立。

马尔可夫性为整个马尔可夫网络概率推断奠定了理论基础，将整个马尔可夫网络确定为条件独立的事件，条件独立性也是整个马尔可夫网络的特征。

4.6.3　马尔可夫逻辑网络

马尔可夫逻辑网络（Markov Logical Network，MLN）是将一阶推断逻辑和马尔可夫网络结合起来的网络。一阶推断逻辑可以理解成我们经常使用的推理逻辑，这种推理逻辑通常只有 2 个答案，即"真"与"假"，也可以表示成 1 与 0。一阶推断逻辑在评价事物时过于绝对，对很多事物并不能够做出真实的评价。马尔可夫网络与一阶推断逻辑的结合，可以看作对这种硬约束的"软化"，它能够给出一个事物为真的概率，而不是直接判定事物的真假。这样人们就可以设定一个概率的阈值，通过阈值来判定事物的真假。

1．一阶推断逻辑

一阶推断逻辑又称为一阶谓词逻辑，是一种可以进行量化的逻辑推断公式。在离散数学中，一阶谓词逻辑可以进行逻辑真值方面的推断，这种推断式可以转化为析取范式的形式。在马尔可夫逻辑网络中，最常用的连接词消除公式如下：

$$P \rightarrow Q \Leftrightarrow \neg P \vee Q \tag{4.47}$$

式（4.47）的意义为，由命题 P 能够推出命题 Q，等价于非 P 并 Q，两者具有相同的真值。将 P 与 Q 表示为析取范式的形式后就可以顺利地输入马尔可夫逻辑网络，P 与 Q 分别作为马尔可夫网络的节点进行运算。

2．规则

在马尔可夫逻辑网络中，规则相当于网络结构，只有在规则存在的情况下马尔可夫逻辑网络才能进行运算。马尔可夫逻辑网络的规则根据一阶谓词逻辑来制定，也可以由样本训练得到。这些规则大多数是由逻辑推断的形式构成的，利用式（4.47）将推断连接词消除，变换为析取范式的形式输入马尔可夫逻辑网络。

我们举一个简单的推断例子来说明马尔可夫逻辑网络的规则。科学研究表明，如果两个人是好朋友，并且其中一个人爱笑，则另一个人通常也爱笑。根据描述，可以用一阶谓词逻辑来表示：

$$\forall x \forall y \text{friend}(x, y) \Rightarrow [\text{smile}(x) \Leftrightarrow \text{smile}(y)] \tag{4.48}$$

式中，x 与 y 表示人；$\forall$ 表示任意。我们可以通过式（4.47）得到谓词的推断逻辑规则。

由于两个人爱笑的情况可以双向推出，式（4.48）还可以表示为

$$\begin{cases} \text{friend}(x, y) \Rightarrow [\text{smile}(x) \Rightarrow \text{smile}(y)] \\ \text{friend}(x, y) \Rightarrow [\text{smile}(x) \Leftarrow \text{smile}(y)] \end{cases} \tag{4.49}$$

由式（4.49）可以得到以下谓词规则：

$$\begin{cases} \neg\text{friend}(x, y) \vee \text{smile}(x) \vee \neg\text{smile}(y) \\ \neg\text{friend}(x, y) \vee \neg\text{smile}(x) \vee \text{smile}(y) \end{cases} \tag{4.50}$$

式（4.50）就是这个马尔可夫逻辑网络的规则，该规则由析取范式构成。在马尔可夫逻辑网络中可以有多条规则，每条规则都有权重，用于确定规则的重要性。规则的权重可以通过行业经验来确定，也可以通过数据训练得到。

3. 网络

规则是构建马尔可夫逻辑网络的依据，根据规则的限制，可以确定变量（节点）间的关系，从而连接成网络的形式。如图 4-65 所示为根据式（4.50）确定的马尔可夫逻辑网络。

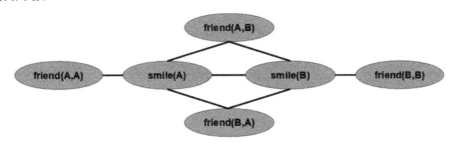

图 4-65　马尔可夫逻辑网络

如图 4-65 所示，用两个确定的人 A 与 B 来代替 x 与 y。其中 smile(A) 与 smile(B) 可以互相推断，friend(A,B) 与 friend(B,A) 等价且与 smile(A) 和 smile(B) 构成推断关系，则 friend(A,B)、smile(A)、smile(B) 构成一个团，同理 friend(B,A)、smile(A)、smile(B) 也构成一个团，这两个团相互连接。friend(A,A) 与 smile(A) 相互连接，同样满足谓词

规则的推断关系，friend(B,B) 与 smile(B) 亦然。这样就构成了马尔可夫逻辑网络。

4．马尔可夫逻辑网络的应用举例

马尔可夫逻辑网络实际上构成的是一种映射，将一阶推断逻辑映射到马尔可夫网络中，使一阶推断逻辑转化成一种概率的输出，而不是"真"与"假"的绝对输出。马尔可夫逻辑网络应用广泛，具有逻辑关系的推断都可以用马尔可夫逻辑网络完成。马尔可夫逻辑网络在符号识别、文本分析、用户画像、个人征信、地理信息系统、计算机视觉等诸多领域具有广泛的应用。目前最常用的马尔可夫逻辑网络框架是由华盛顿大学开发的 Alchemy 框架。将制定的规则输入 Alchemy 框架，可以输出相应的推断概率。

下面以符号识别为例，来说明马尔可夫逻辑网络的应用。利用马尔可夫逻辑网络进行符号识别，最重要的是制定规则与权重。我们来制定一个三角形识别系统的规则。

首先我们需要定义有哪些谓词。三角形有 3 个顶点，这 3 个顶点之间两两相连。我们可以设计谓词如下。

① 对顶点的描述。

检测出有 A,B,C 三个顶点，则谓词为

$$A \neq B , \quad B \neq C , \quad C \neq A$$

② 对线的描述。

设定函数 $\text{line}(x,y)$ 表示 x,y 之间有线相连，则谓词为

$$\text{line}(A,B), \ \text{line}(B,C), \ \text{line}(A,C)$$

③ 对三角形的描述。

设定函数 $\text{Aretriangle}(x,y,z)$，这个属于结论性的语句，谓词为

$$\text{Aretriangle}(A,B,C)$$

通过以上谓词的设定，可得规则为

$$(A \neq B) \wedge (B \neq C) \wedge (C \neq A) \wedge \text{line}(A,B) \wedge \text{line}(B,C) \wedge \text{line}(A,C) \Rightarrow \text{Aretriangle}(A,B,C)$$

$$（4.51）$$

这个规则很好理解，在同时满足上述所有条件时，可以推出 A,B,C 构成的是三角形。由式（4.47）可以将式（4.51）转化为析取范式的形式如下：

$$\neg[(A \neq B) \wedge (B \neq C) \wedge (C \neq A) \wedge \text{line}(A,B) \wedge \text{line}(B,C) \wedge \text{line}(A,C)] \vee \text{Aretriangle}(A,B,C)$$

等价于

$$(A = B) \vee (B = C) \vee (C = A) \vee \neg \text{line}(A, B) \vee \neg \text{line}(B, C) \vee \neg \text{line}(A, C) \vee \text{Aretriangle}(A, B, C)$$

这就是马尔可夫逻辑网络的规则形式。在有多条规则时候，需要设置规则的权重，以便于马尔可夫逻辑网络确定规则的强度，从而输出准确的推断概率值。

参考文献

[1] Anass Cherrafi, Said Elfezazi, Andrea Chiarini, et al.. The integration of lean manufacturing, Six Sigma and sustainability: A literature review and future research directions for developing a specific model[J]. Journal of Cleaner Production.

[2] Andrea Chiarini. Sustainable manufacturing-greening processes using specific Lean Production tools: an empirical observation from European motorcycle component manufacturers[J]. Journal of Cleaner Production.

[3] Andrea Chiarini, Alex Opoku, Emidia Vagnoni. Public healthcare practices and criteria for a sustainable procurement: A comparative study between UK and Italy[J]. Journal of Cleaner Production.

[4] Andrea Chiarini. Environmental Policies for Evaluating Suppliers' Performance Based on GRI Indicators[J]. Business Strategy and the Environment, 2017(1).

[5] Andrea Chiarini. Setting Strategies outside a Typical Environmental Perspective Using ISO 14001 Certification[J]. Business Strategy and the Environment, 2017(6).

[6] Koo Otilia M Y, Ji Jiangning, Li Jinjiang. Effect of powder substrate on foaml drainage and collapse: implications to foam granulation[J]. Journal of Pharmaceutical Sciences, 2012(4).

[7] Li Jinjiang, Tao Li, Buckley David, et al.. Effect of physical states of binders on high-shear wet granulation and granule properties: a mechanistic approach toward understanding high-shear wet granulation process, part 3: effect of binder rheological properties[J]. Journal of Pharmaceutical Sciences, 2012(5).

[8] Li Jinjiang, Pinnamaneni Swathi, Quan Yong, et al.. Mechanistic understanding of protein-silicone oil interactions[J]. Pharmaceutical Research, 2012(6).

[9] Kunyu Zhang, Zhaofeng Jia, Boguang. Adaptable Hydrogels Mediate Cofactor - Assisted Activation of Biomarker - Responsive Drug Delivery via Positive Feedback for Enhanced Tissue Regeneration[J]. Advanced Science, 2018(12).

[10] Zhiyong Zhang, Liming Bian. Highly Dynamic Nanocomposite Hydrogels Self - Assembled by Metal Ion - Ligand Coordination[J]. Small, 2019(15).

[11] Dingqing Qi, Weihao Yuan, Yi Cheng, et al.. Design and evaluation of mPEG-PLA micelles functionalized with drug-interactive domains as improved drug carriers for docetaxel delivery[J]. Journal of Biomaterials Science, 2017(14).

[12] Congreso Nacional de Neurología. Resúmenes de los trabajos sobre las Enfermedades Neuromusculares[J]. MediSur, 2010(1).

[13] Maria Sara Abdala Martins. SÍNDROME DO X FRÁGIL[J]. Nucleus, 2005(2).

[14] Jairo Gallo Acosta. De la aporía de la identidad del latinoamericano al horizonte de un sujeto descentrado en Latinoamérica[J]. Psikeba : Revista de Psicoanalisis y Estudios Culturales, 2008(5).

[15] Luc Montagnier, Robert C. Gallo. El descubrimiento del VIH como causa de sida[J]. Revista del Hospital Materno Infantil Ramón Sardá, 2004(2).

[16] Domingues Loriggio, Antonio Francisco. Diagnóstico: um modelo e seus fatores críticos de sucesso[J]. Técnica Administrativa, 2002(01).

[17] Arthur Buchsbaum, Maurício Correia Lemes Neto. Raciocínio por Tablôs de uma Forma Direta[J]. Revista Eletrônica de Sistemas de Informação, 2005(2).

[18] Joerg Schoenfisch, Heiner Stuckenschmidt. Analyzing real-world SPARQL queries and ontology-based data access in the context of probabilistic data[J]. International Journal of Approximate Reasoning.

[19] Dana Saade, Catherine Higham, Neelam Vashi. A case series of orf infection after the religious sacrifice feast Eid al-Adha[J]. JAAD Case Reports, 2018(5).

[20] Jakob Huber, Mathias Niepert, Jan Noessner, et al.. An infrastructure for probabilistic reasoning with web ontologies[J]. Semantic Web, 2016(2).

[21] Marwin H. S. Segler, Mike Preuss, Mark P. Waller. Planning chemical syntheses

with deep neural networks and symbolic AI[J]. Nature, 2018(555).

[22] Pieter J.J. Botha. Bloedoffers en morele vorming: Gewelddadigheid as faset van Christelike tradisies[J]. Hervormde Teologiese Studies, 2009(4).

[23]何跃，赵书朋，何黎. 基于情感知识和机器学习算法的组合微文情感倾向分类研究[J]. 情报杂志，2018(05).

[24] 江树浩，鄢贵海，李家军，等. 机器学习算法可近似性的量化评估分析[J]. 计算机研究与发展，2017(06).

[25] 李彦冬，郝宗波，雷航. 卷积神经网络研究综述[J]. 计算机应用，2016（09）.

[26] 孙志军，薛磊，许阳明，等. 深度学习研究综述[J]. 计算机应用研究，2012(08).

[27] 王爱平，张功营，刘方. EM 算法研究与应用[J]. 计算机技术与发展，2009(09).

[28] 闫友彪，陈元琰. 机器学习的主要策略综述[J]. 计算机应用研究，2004(07).

[29] 于玲，吴铁军. 集成学习:Boosting 算法综述[J]. 模式识别与人工智能，2004，17(01).

[30] 王光宏，蒋平. 数据挖掘综述[J]. 同济大学学报（自然科学版），2004，32(02).

[31] 吉根林. 遗传算法研究综述[J]. 计算机应用与软件，2004，21(02).

[32] 陈亮. 机器学习算法在无人驾驶中的应用[J]. 机器人产业，2017(04).

[33] 季彦东，李龙. 机器学习算法在智慧农业中应用的进展[J]. 通化师范学院学报，2019(06).

第 5 章

产品经理的进化

↘ 5.1　产品经理的思考

↘ 5.2　人工智能产品经理

↘ 5.3　如何成为人工智能产品经理

5.1 产品经理的思考

产品经理的成长始终伴随着互联网行业的发展。这些年互联网行业发生了巨大的变化，大数据、人工智能等技术的兴起为产品经理这个行业带来了新的活力。现在的产品经理能否跟上时代的步伐，未来的产品经理行业将走向何方，都是值得我们思考的问题。当前的产品经理已经细分出很多类型，包括数据产品经理、人工智能产品经理、后台产品经理等。产品经理的这些细分类型，代表了未来产品经理的发展方向，同时也对产品经理提出了更高的要求。作为产品经理，需要时刻思考未来互联网行业的发展趋势，以及如何才能使自己在互联网行业中处于不败之地。

5.1.1 产品经理的成长路径

产品经理的职业发展一般来讲都是从初级产品经理开始的，从初级产品经理成长为产品经理、高级产品经理、产品总监或产品专家，后续也可能出任 CEO 或踏上创业的道路。无论怎样的成长路径，都必须从基础开始，一步一个脚印踏踏实实走好每一步。

1. 初级产品经理——需求的完成者

初级产品助理的主要工作是完成产品经理提出的需求，其做的基本是一些任务明确的工作。例如，增加微信第三方登录及一些用户提示之类的功能。由于很多公司没有交互设计师，所以初级产品经理有时还需要负责一些交互工作。初级产品经理刚入行不久，对产品知识的了解还处于空白阶段，需要搞懂商业需求文档（Business Requirement Document，BRD）、市场需求文档（Market Requirement Document，MRD）、产品需求文档的书写规则，竞品分析的实施路径，以及产品开发的基本流程等。除此之外，初级产品经理还需要了解分析产品的一些方法，如 KANO 模型、波士顿矩阵、商业画布等。初级产品经理应注意以下 3 个方面。

1）交互设计

笔者见过很多产品经理是从做交互设计入手进入产品经理行业的，并且有很长一段时间沉迷于其中，甚至改变了自己的职业生涯，转行去做一名交互设计师。实现产品交互是一件很有成就感的事情，可以通过自身对产品的理解去设计页面的跳转方式，或者各种有趣的动态效果。完成设计之后，可以通过 Axure、墨刀、Flinto 等软件去实现这些有趣的动态效果。产品交互的实现能够激发产品新人的兴趣，并且能使其非常具有成就感。这些对于产品新人是非常有益的，也为其日后的竞品分析工作打下基础。

2）产品流程

产品流程可以理解为做产品的套路和规则，通常包含两个方面的内容：一个是产品规则流程；另一个是产品开发流程。

产品规则流程是指产品开发过程中的常识性工作，包括各种文档的书写格式、竞品分析的实施路径、进行用户访谈的方式等。初级产品经理需要尽快掌握这些规则和流程，并在日后的工作中加以巩固。

产品开发流程是指一个产品从设计到上线的全过程，良好的产品开发流程能够保证产品质量，控制产品开发时间，甚至能减少产品开发过程中 BUG 的产生。初级产品经理刚刚进入产品行业，只有尽快了解所在公司的产品开发流程，才能较好地与研发工程师合作。

3）产品边界

产品边界是指在产品开发过程中的一些限定规则。例如，初级产品经理负责设计一个应用的微信登录功能，这种看似明确的任务其实有很多问题需要考虑，如没有网络的时候怎么办、没有安装微信怎么办、用微信登录后是否需要再让用户输入手机验证码验证、手机号码错误或者重复如何提示等。这样的产品边界问题还有很多，而且在产品开发的各个环节都会出现，初级产品经理只有认真思考这些问题并且积累经验才能进步。

解决产品边界问题有两个途径：一个是看看其他产品是如何做的；另一个是多思考这么做的原因。例如，为什么要收集用户手机号码？为什么要用第三方登录？是只做微信第三方登录功能还是做微信加上 QQ 与微博的第三方登录功能？这些都是更深层级的产品边界问题，思考这些问题也是提升自己的必经之路。

2．产品经理——需求的提炼者

产品经理需要正式面对产品的种种问题。在这个阶段最重要的任务是挖掘深层的用户需求，并考虑如何将其体现在产品中。产品经理负责的事务非常多，包括从开发沟通到产品跟进过程中的各种事务，还需要组织各种产品评审会。除初级产品经理需要注意的所有要点之外，产品经理还需要重视以下 3 个方面。

1）需求挖掘

需求挖掘是产品经理最重要的工作，能够体现一个产品经理真正的价值。C 端的产品经理要从不同角度挖掘用户需求，针对用户需求设计产品功能。例如，微信推出小程序的初衷是免去用户安装手机应用软件的麻烦；有些招聘类应用软件具有直聊的模式，可以使应聘者快速触及企业。B 端的产品经理应更多地考虑如何优化流程，因为提高效率是 B 端产品开发的核心需求。

2）沟通

沟通也是产品经理的一项重要的工作，无论是阐述需求还是跟进开发都需要进行大量沟通。沟通的对象包括程序员、UI 设计师、测试人员、运维人员等，与每个角色进行沟通的方式也不一样。沟通需要进行管理，每次沟通之前应明确沟通的内容、预估沟通的结果、调节沟通的气氛，以提高沟通效率。好的沟通才能确保产品流程的完整、合规，才能保证产品按照规定周期顺利迭代。

3）竞品分析与产品分析

竞品分析是指在某一维度下分析具有竞争性的不同产品，从而得出在这一维度下的产品评价。竞品分析是对产品的一种横向分析，是各个时期产品经理都需要做的工作，最好每周进行一次竞品分析。竞品分析的重点在于对比，通过某一维度的确定寻找类似的产品，分析这些竞品在各个方面的异同。

产品分析是指对产品进行深度分析。进行产品分析时最好能够分析到目标公司的每个细节。从创始人背景、融资情况、公司业务线、产品种类、产品特点、产品功能、目标人群、产品变现情况、交互等各个方面进行深刻的分析。产品分析是对产品的一种纵向分析，可以通过产品分析了解深层的业务背景。

坚持进行竞品分析与产品分析，对产品经理业务水平的提高非常有帮助。

3．高级产品经理——产品的架构师

高级产品经理对一个产品的整体负责，应该具有更深入的产品思考能力。这种能力主要体现在对用户痛点的深度理解，以及对产品节奏感的把握上。高级产品经理应对产品功能迭代与市场运营具有较好的规划，并且应具备项目管理能力。高级产品经理应重视以下两点。

1）产品节奏

产品节奏是指，在特定的状态下实现特定的产品功能，也可以理解为每个版本的产品在迭代过程中的功能增减。产品节奏与公司的发展、市场的状态、用户的需求息息相关。例如，对于微信这种即时社交类产品，如果从其诞生开始探寻每个版本功能的变化，就会发现之前的很多功能都是为了实现微信支付而埋下的伏笔。这样的例子还有很多，认真分析每个产品的迭代历史，就能发现公司对产品节奏的控制思路。产品的研发总归具有商业目的，所以高级产品经理需要通过对市场的研究把握产品节奏，明确产品各个版本之间的功能具有什么样的顺接关系。产品在某个版本增加某些功能是出于对用户、市场、公司战略等多方面的考虑而做出的决定。

2）项目管理

高级产品经理通常负责一个完整的模块或产品线，项目管理能力必不可少。在产品研发之前高级产品经理要进行项目预估，积极规划所有干系人给产品开发带来的影响，以按时、保量地进行产品交付。项目管理的内容有非常严谨的理论基础，在很多书中都有详细的介绍，也有对应的培训可以参加。高级产品经理需要将项目管理知识转化为自己产品的实际对策，才能切实做好产品线管理工作。

4．产品总监——产品模式创造者

产品总监是公司中产品的负责人，要代表所有产品开发人员向老板汇报。产品总监需要从公司的角度考虑商业模式与产品布局，需要对行业具有深刻的认知，以对产品发展方向进行整体把控。产品总监需要从领导者的视角俯视整个产品线，积极进行符合公司战略的产品规划，确保每个产品线在各自产品周期中拥有最大价值。产品总监应重视以下 3 个方面。

1）商业模式

每个领导者都需要对商业模式进行思考，从市场、行业、用户、资源等角度思考

产品拥有怎样的策略才能获得更大的商业价值。互联网行业发展迅速，产品总监必须根据市场的变化敏锐地挖掘商业模式，并能够较好地将其转化为产品。这不仅是产品技能的积累，更是人生阅历、社会经验等多方面因素的综合体现。

2）产业链研究

产品总监需要对产业链进行通盘考虑，并知晓哪个环节具有较好的商业机会。无论是 C 端产品还是 B 端产品都有产业链可以研究。在 C 端产品中，即时通信类产品可以连接金融、医疗、交通、游戏等各类产业进行变现；B 端产品更加具有行业属性，需要对相关的产业链进行深度研究。

3）资本分析

在互联网公司中，资本运作非常重要，资本流动的方向在一定程度上影响公司未来的发展。从公司资本运作的角度考虑产品发展方向，也是具有大局观的一种表现。

总而言之，从初级产品经理到产品总监，每个阶段的重点具有很大差异，也不局限于上述列举的内容。只有按照产品经理发展的路径一步一个脚印地打下坚实的基础，才能向更高级别的岗位迈进。

5.1.2 中年产品经理的危机与未来

产品经理在做产品的过程中，会不断思考未来互联网的发展，思考产品模式如何创新、用户付费模式如何更新及如何在行业中发挥互联网的价值。回首这些年的发展，从计算机开始进入家庭，成为我们工作生活的必备工具，到移动互联网兴起，智能手机、智能应用成为刚需，再到近几年技术的革新，云计算、人工智能、大数据等技术成为当今互联网时代的主流技术，互联网的发展不断对产品提出新要求，不断更新着产品服务与商业模式。产品经理每天都会思考，思考如何跟上互联网发展的步伐，思考产品的本质属性，思考如何拥抱互联网的变化，拥抱人工智能、大数据带来的范式革新。年龄的增长、中年危机的出现，也使产品经理不得不思考自己未来的职业发展。

中年危机在每个行业中都存在，在产品行业中尤为严重。产品经理这个岗位在中国互联网圈已经热了十多年，在这十多年中已经有一代互联网人从青年走向中年。随着年龄的增长，产品经理不得不思考中年后自己在职业发展道路上将走向何方。确实，有很多优秀的产品经理具有敏锐的洞察力与产品感，他们会选择创业或可以跻身高管行列。但是仍有一大群产品经理，辛苦地完成琐碎的工作，每日进行项目对接与沟通，依然过着"996"的生活。

现在普通互联网产品经理的工作主要是挖掘需求、讨论痛点、画原型、与开发人员和运营人员沟通，他们每天要面对设计师的吐槽、程序员的讽刺、运营人员的白眼及老板的指责，经常无力反击，产品经理空有一个经理的头衔而没有实权，这些事想必很多产品经理都经历过。最重要的是，很多人会说"产品经理其实什么都不会"，并且很多互联网公司都是创业公司，并无法保证公司能在短时间内盈利，无论是初级产品经理还是高级产品经理都可能有一段时间负责具体工作，即使跳槽可能还是进入另一家创业公司。如此这般，产品经理慢慢到了中年，发现自己的精力大不如从前，新人不但比自己更拼，对薪水的要求还很低。中年产品经理慢慢被边缘化，要么被迫转行，要么直接被辞退。

那么到底什么能够支撑产品经理的未来发展呢？产品经理究竟应该有什么样的技能才能提升自己的价值，从而不会被别人取代呢？这些都是产品经理应该思考的问题。在产品经理的职业生涯中，纯粹的产品技能并不是最有价值的，如产品需求文档的书写规则、产品运营的方式及产品开发流程等一个产品新人通过 1~3 年的学习就能完全掌握，最有价值的是产品经理对所在行业的思考。产品经理对行业的深刻认知体现在能够准确构造可行的商业模式，同时对行业的理解也是实施这些产品技能的土壤。无论是哪一类产品经理，都离不开对行业的认知，没有行业背景作为支撑，产品就无法立足于市场。与此同时，如果产品经理的级别较高，那么精通项目管理是也非常必要的，这样才能管理复杂的产品体系。

1. 产品经理应该是行业专家

随着互联网的迅速发展，当前的互联网产品已经发生了很大变化，互联网产品已经深入到各个行业中。随着社会的发展，互联网越来越体现为一种思维模式，每个行业都或多或少地会和互联网结合在一起，这时谁来提出需求？当然是行业中有丰富经验的专家更具有发言权，而产品经理渐渐失去了作为思考者的能力，变成了一个需求的翻译者。这样发展下去，产品经理必然会失去对产品的把控力，也必然会被未来的互联网行业淘汰。

笔者曾经面试过很多产品经理，当被问及产品经理的核心能力是什么时，60%以上的人回答是沟通能力。沟通能力确实很重要，但绝不是产品经理的核心能力。如果一个产品经理一直以沟通能力为核心能力，那么他只是一个需求的转化者，充其量具有初级产品经理的水平。

也许有很多人要问，像送餐、快递之类的业务很快就能理解，为什么还需要行业专家呢？能够问出此类问题的朋友，也许还没有做过真正的思考，因为还没有想到一个看似简单的行业背后往往隐藏着强大的逻辑体系。例如，快递业务直接涉及运筹学、统计学等诸多学科；送餐业务涉及供应链、用户市场分析等多重知识。针对你所从事的行业，如果你能够了解该行业全产业链上的商业模式、用户偏好，并掌握该行业背后的业务流程及市场上主流竞品的优缺点，那么可以说你已经在向行业专家的方向发展了。

产品经理只有先成为一个行业的思考者，才能成为产品的践行者；只有能通过对行业的深度思考深刻理解用户痛点，才能设计出好的商业模式。笔者曾经长时间从事药物研发工作，在工作中发现小分子结构鉴定是一个非常烦琐的过程，这样就抓住了行业中的用户痛点，从而构建出一个检验分析平台来解决分子结构鉴定的问题。

B 端产品经理或人工智能产品经理，更需要对所在行业有深入的了解，从而构建出好的产品，服务于行业用户。

2. 产品经理应该深刻理解商业模式

在刚跨入产品经理行业的时候，我们可能会认为做需求、画原型、写产品需求文档就是产品经理的全部职责，认为只要将产品的所有逻辑梳理清晰，就能做好产品。但随着经验的增长，我们会发现做好需求、画好原型、写好产品需求文档只是做好产品的开端。企业做产品通常分为 3 个阶段：创造价值、传递价值、获取价值。创造价值是为了解决用户痛点或行业问题，是产品开发的驱动力；传递价值是为了将产品的价值传递给用户，是产品开发的意义；获取价值是企业获取收益，是产品开发的原动力。创造价值、传递价值、获取价值是企业商业行为的一个有机整体，是企业商业模式的体现。

产品经理在未来的职业发展中，不能只考虑如何开发产品，还要重视对整体商业模式的思考。在互联网的商业化进程中，我们需要充分考虑大数据、人工智能等技术给商业模式带来的变革。良好的商业模式是保证产品发展稳定的重要途径，也是衡量产品价值的重要标准。

商业模式设计的理论体系非常完整，可以参考相关的经典书籍系统地学习。在行业商业模式设计的过程中，通常要关注以下 9 个方面的内容。

（1）**价值主张**：价值主张是指企业产品为用户创造的价值，它确定了企业产品对用户的意义。简单来讲，产品应该能够解决用户痛点，这也是用户付费的基础。

（2）**目标用户**：产品的用户对象。这一群体具有一些共性，或者说具有相似的用户画像，从而使企业能够针对这一群体创造价值。定义目标用户的过程也被称为市场划分。

（3）**渠道通路**：企业产品触达用户的途径。互联网产品通常通过各类运营手段（包括线上、线下、新媒体等）传递给用户。

（4）**客户关系**：企业与用户之间的联系。传统企业中的用户关系管理（Customer Relationship Management）也属于这个范畴。企业与用户联系的最佳媒介是企业的产品，最佳手段是对产品的运营。例如，通过版本更迭或运营手段来推送优惠信息等。

（5）**关键业务**：企业为了实现商业模式必须要执行的业务。例如，企业需要高薪聘请算法工程师，或需要组建一个高效的运营团队等。

（6）**核心资源**：企业运作其商业模式所需要的能力和资格，如核心技术、强大的客情关系等。核心能力是产品构成与运营的基础。

（7）**合作伙伴**：能够促进商业模式有效运作的伙伴。合作伙伴可能是企业业务的上游或下游的企业，重点考虑企业需要合作伙伴的哪些关键资源，以及合作伙伴可以执行哪些关键业务。

（8）**成本结构**：企业投入资源的资金描述。

（9）**收入模型**：企业创造收入的途径。收入模型需要结合价值链与产品价值探讨。

基于以上 9 个方面的内容可以对目前产品情况进行商业化梳理，进而得到产品的需求排序或商业化路径。互联网产品的商业模式包括产品直接付费、广告流量付费、线上或线下服务付费等。

基于对商业模式的思考，衍生出很多可用于商业模式分析的方法。商业画布是产品经理熟知的一种可用于商业模式分析的工具，基于上述 9 个方面的内容构成。商业画布是帮助个人和企业分析创造价值、传递价值、获得价值的流程和关系的基本工具。

商业画布体现了一种商业领域的思维方式，它能够展现企业在商业链中的地位。

图 5-1 体现了商业画布的基本框架。按照商业画布的维度对产品进行分析，可以得到清晰的产品商业视图。在产品全生命周期中，应该在产品开发前、产品开发中、产品上线、产品运营，甚至产品退市等各个阶段，利用商业画布对产品进行分析。

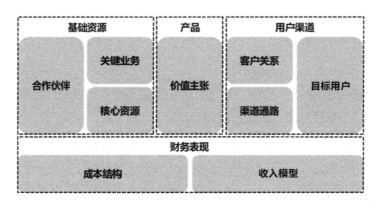

图 5-1　商业画布

产品经理要尽可能多地参与商业模式设计，多提出自己的想法，多与老板沟通，因为在商业模式设计方面老板通常更有前瞻性。

3．产品经理应该精通项目管理

项目管理是指运用一定的知识、手段、工具和方法，使产品或项目在有限资源的条件下，达到或超越预设目标的过程。高级别的产品经理需要同时管理多个产品线，没有一定的项目管理经验很难保质保量地完成产品构建。由此可见，项目管理是产品经理的一项必备技能。项目管理有国际化的体系标准，适用于所有行业。产品经理应该深刻理解项目管理的精髓，并将其应用于互联网产品的开发。项目管理是一种思维方式，产品经理需要根据产品情况因地制宜地运用这种思维，以得到令人满意的效果。

1）选择合适的项目管理方式

项目管理方式不是一成不变的，产品经理需要根据产品类型选择合适的项目管理方式。产品开发一般分为瀑布式开发与敏捷式开发两种方式，如图 5-2 所示。

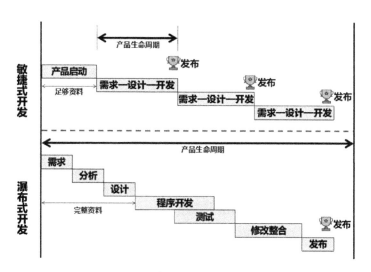

图 5-2　瀑布式开发与敏捷式开发

瀑布式开发是指按照设计好的里程碑，进行接力式的产品开发。完成上一步之后才能进行下一步，这会导致产品生命周期变长，并且有大量的文档输出工作，非常耗时耗力。但瀑布式开发也有优点，它是一种严谨的开发方式，产品开发之前有详细的设计文档，同时已经做了详尽的人、财、物计算，所以在做政府项目及企业 B 端产品时，瀑布式开发具有一定优势。

敏捷式开发是指以用户的需求为核心，以当面沟通、测试等手段为驱动的软件迭代开发方式。这种方式开发速度快，产品生命周期短，非常适合互联网产品的开发。敏捷式开发是将一个较大的产品分为多个可以相互联系并且能够独立运行的小产品，这些小产品可以并行开发，在此过程中产品一直处于可用状态。

以上是两种常见的产品开发方式，产品经理需要根据实际情况选择合适的项目管理方式。在人力资源规划、项目分解、成本估计、活动安排等一系列项目管理过程中，这两种开发方式都具有较大区别。例如，在人力资源规划中，瀑布式开发方式的人员管理是链式的，上游人员将输出物交付给下游人员进行处理；敏捷式开发方式的人员管理是协作式的，将人员组成多个小团队并行工作。产品经理必须根据产品开发方式选择合适的项目管理方式，需要变通地运用项目管理知识。产品经理应该对项目管理具有深刻理解，能根据产品的实际情况选择合适的项目管理方式。

2）构建闭环管理体系

闭环管理是指所有管理行为都必须得到反馈。简单来讲，就是下达一个命令、推送一条信息都需要得到对方的回复。闭环管理的实施会使产品开发处于良好的状态，在产品开发过程中，对所有关键时间点都进行进度反馈，可以使管理者与实施者之间有良好的呼应关系。为确保闭环管理的顺利实施，还需要制定相应的规则，明确的规则与好的流程是闭环管理的保障。

（1）规则。规则是对人的约束力，明确的规则可以确保制度的实施。在产品开发的过程中，需要先制定规则来约束团队成员的行为，对于任何规则都需要团队成员达成共识，以免造成团队不和谐。例如，团队成员需要严格按照项目时间反馈进度与问题，针对未及时反馈的情况需要有惩罚措施。

（2）流程。流程是项目实施的途径。好的流程不但可以提高工作效率，还能够让项目管理者与实施者明确团队现在处于什么阶段，以及下一步的工作方向。

流程分为总流程与子流程。总流程指的是在整体项目中的活动计划，如整体软件产品开发项目流程分为产品设计、开发、测试、上线几个步骤。子流程是指总流程中各个步骤的活动分解，如整体软件产品开发项目流程中的产品设计，可以分为需求设计、业务设计、用户分析、页面设计等。无论是总流程还是子流程，都必须进行闭环管理，在相应的大小任务完成时间点必须反馈完成情况。只有进行闭环管理，才能保证项目实施的效率和质量。

3）遵循项目管理体系

项目管理作为一门管理学科已经发展多年，拥有科学严谨的逻辑体系，国际上也有项目管理专业人士资格认证，项目管理具有较完整的知识体系，该体系将项目分为5个过程：启动、规划、执行、收尾、监控。图 5-3 体现了项目从发起到交付的全流程，其中监控过程覆盖启动、规划、执行、收尾 4 个过程，以确保所有过程都处在可控的情况下。项目成果交付给最终用户，项目过程形成的记录作为公司过程资产保留。

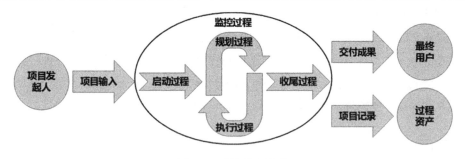

图 5-3　项目管理体系

从产品的角度看，项目管理体系给产品实施提供了较好的规范，也有利于产品经理与程序员的沟通。但是产品是有区别的，不可以生硬地将自己产品的过程一一嵌套到项目管理的框架中，其中的灵活变通需要产品经理在管理过程中仔细体会。

5.2　人工智能产品经理

人工智能产品经理是应用人工智能技术构建效率型产品（或模块）的产品人。人工智能产品经理不但需要掌握当前互联网产品经理会的一切技能，还需要对行业与人工智能技术有深入的理解。人工智能产品经理需要将技术与行业深度结合，形成完整的产品开发闭环，还需要考虑商业与成本的收益关系。人工智能产品经理在一定程度上代表了未来产品经理的发展方向，未来懂产品、懂技术、懂行业的跨界人才将更加得到社会的认可。

5.2.1　人工智能产品经理的基本技能

人工智能产品经理属于产品经理，必须对用户、需求、商业模式有深刻的认知。除此之外，人工智能产品经理还需要具备 4 项基本技能，即懂数据、懂算法、会沟通、懂行业，如图 5-4 所示。

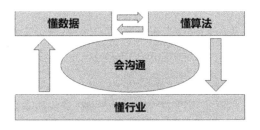

图 5-4　人工智能产品经理的基本技能

数据从行业中产生，人工智能产品经理只有具有敏锐的数据洞察力，才能在众多业务数据中梳理出有价值的数据信息。算法在没有使用场景时，只是一些数学公式，行业就是算法的使用场景，算法需要根据使用场景的变化而改变，这样才能更好地服务于场景；数据是算法的血液，算法中的很多参数是依靠数据训练而得到的。沟通是产品经理的固有技能，人工智能产品经理需要根据自身对行业、数据、算法的理解，与开发工程师、运营人员及行业专家等不同角色进行沟通，以有效地调动资源。懂行业是产品经理应具备的基本素质，产品经理对产品使用场景、商业模式的判断都源于对行业的认知。

1. 懂数据

数据是人工智能产品的基础，人工智能产品经理必须懂得如何利用数据去构建产品。懂数据经常与懂行业相伴相生，毕竟数据来源于行业，所以数据自然带有行业的一部分特征。人工智能产品经理的数据认知主要体现在 3 个方面，如图 5-5 所示。

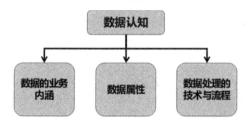

图 5-5　数据认知的 3 个方面

（1）懂数据的业务内涵。

数据的业务内涵是指数据在业务中的意义。无论是做数据分析，还是做人工智能产品，都要首先搞清楚每种数据的含义。通常来讲，数据能够反映出相关的业务流程或关键业务指标，构建模型的过程也是对业务关系进行梳理的过程。

（2）懂数据属性。

数据属性是指数据本身的特征。数据属性包括数据类型、数据质量等不同维度的属性。数据类型有很多种，包括图像数据、文本数据、声音数据等，不同的数据类型具有不同的分析方法与建模方法。图像数据可以采用卷积神经网络进行处理，文本数据可以采用决策树及马尔可夫网络进行处理。数据质量包含的内容较多，如数据真实性、数据结构化程度、数据异常情况等。不同质量的数据处理过程也不同，在大多数情况下，非结构化数据只有转化为结构化数据后才能用于构建模型。

（3）懂数据处理的技术与流程。

数据处理是指将原始数据变为在特定场景下有价值、有意义的数据形式。人工智能产品经理应该掌握数据处理的技术与流程，相关内容参见本书 3.3 节。

人工智能产品经理首先需要对数据进行整体评估，确定数据是否能够满足业务需求，还需要对数据质量等进行评估。在对数据有充分认知后，才能够进行数据处理与建模工作。

2. 懂算法

人工智能产品经理需要参与算法的设计过程，所以必须深入了解算法原理。懂算法的人工智能产品经理可以更好地与算法工程师沟通，并且能够知晓不同算法的应用场景。

熟悉普通产品经理工作流程的人都应该清楚，普通产品经理的工作以提出需求为主，他们撰写产品需求文档并将其提交给开发工程师，由开发工程师按照产品需求文档中的内容进行产品开发。普通产品经理的工作模式是制定一个产品开发的目标，由开发工程师去实现这个目标。普通产品经理以目标为导向来参与产品研发，他们制定产品开发的目标，并对最终结果负责。对于产品目标的实现过程，普通产品经理很少参与。

人工智能产品经理需要懂算法，这样才能参与产品功能的实现过程。在产品开发的过程中，人工智能产品经理始终参与算法的研发，需要一直与算法工程师保持紧密的配合。人工智能产品经理需要针对行业特征进行技术预研，评估哪些算法适合产品的应用场景。算法模型的训练及训练数据的准备过程都需要人工智能产品经理的参与。首先，人工智能产品经理会提出需求，在提出需求后，他们会帮助算法工程师寻找合适的路径去实现相应的产品功能。人工智能产品经理不仅需要撰写产品需求文档，还需要撰写技术文档，通过自己对技术和行业的了解，在需求与算法之间建立一座桥梁，提出最佳的算法及技术实现路径。人工智能产品经理更多地参与产品目标的实现过程，是以过程为导向来参与产品研发的。由此可见，人工智能产品经理需要懂技术，这样才能顺利进行技术预研，并能保证与算法工程师沟通顺畅。

基于行业属性，人工智能产品经理首先需要确定哪些是分类问题，哪些是预测问题，解决这些问题适合用什么算法，然后就具体问题与算法工程师进行深入的沟通。沟通的基础就是对算法的理解。

行业问题通常都比较复杂，很难用单一的算法满足需求。人工智能产品经理需要探索如何组合不同的算法来满足行业需求。算法就像积木，人工智能产品经理需要根据行业需求的特点，去将算法积木搭建成相应的形状。人工智能产品经理只有懂算法原理，才能知道如何利用算法满足行业需求。

在产品构建过程中，人工智能产品经理参与算法设计的路径如图 5-6 所示。

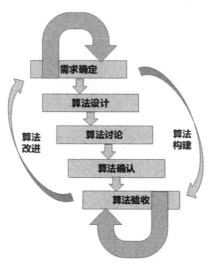

图 5-6　人工智能产品经理参与算法设计的路径

第一步，需求确定。需求确定是一个反复的过程，人工智能产品经理首先通过自己对行业的了解提出需求，然后通过访问行业专家或进行用户调研确定需求。

第二步，算法设计。算法设计考虑的维度较多，首先要将需求分解成几个部分，分析这些问题属于哪类问题。如果是文本分析问题，则可以考虑使用 LSTM 神经网络解决；如果是策略规划问题，则可以考虑用强化学习解决。除此之外还要考虑数据的情况。综合以上各种情况确定使用何种算法。

第三步，算法讨论。将算法设计的思路与算法工程师进行讨论，共同确定算法的施路径。

第四步，算法确认。算法达到两个要求就可以认为完成了算法确认：其一，能够满足业务要求；其二，在现有资源环境下可实施开发。当算法得到几方确认后，便可以开始实施开发。

第五步，算法验收。算法在实施过程中会存在很多问题，只有真正完成开发以后才能知道效果如何。在算法模型与真实业务系统完成对接，运营环境、运维工作等得到认可，并且确定算法模型能够达到需求之后，算法验收工作才能结束。

算法模型构建就像产品开发一样，是一个不断改进、更新的循环过程。在这个过程中，伴随着硬件的升级、新模型的设计思路甚至新业务数据的加入，算法模型只有不断改进才能更好地符合业务需求。

3. 会沟通

人工智能产品经理作为需求、算法、项目三方的协调者与管理者，应尽量采用专家式沟通方法。专家式沟通主要强调沟通者以专家的身份，有理、有力、有节地阐述观点，进行沟通。人工智能产品经理与别人进行沟通时，需要具备以下 3 个特点，如图 5-7 所示。

图 5-7　人工智能产品经理沟通要素

专业性是人工智能产品经理的立命之本。人工智能产品经理要熟悉行业、懂算法，在规划产品功能和设计产品开发流程时，要体现自己的专业性。只有突出专业性，才容易取得他人的信任。

条理性是人工智能产品经理在进行一切沟通时的原则。无论进行什么样的沟通都要先阐述结论，再阐述理由，同时说明问题的背景及相关情况。沟通时必须做到条理清晰，阐述理由时尽量使用演绎推理的逻辑路径，能够用图表述的内容尽量不要用文字表述。

广博性是人工智能产品经理个人魅力的体现。人工智能产品经理需要有广阔的知识面与灵活的变通能力，针对不同的沟通对象尽量使用对方熟悉的语言，或按与对方的思考路径类似的思考路径进行沟通，否则很容易产生无效沟通，从而浪费大量的时间。人工智能产品经理的沟通对象很多，所以需要有足够的知识储备，尽量做到懂算法、懂行业、懂设计、懂运营。

人工智能产品经理最重要的沟通对象是算法工程师。吴恩达在 **NIPS 2016** 演讲中提到了人工智能产品经理的角色定位，强调人工智能产品经理是用户与算法工程师之间的桥梁。由于算法工程师并不是很了解行业，所以如何将行业内容用算法语言描述给算法工程师对于人工智能产品经理来说是十分重要的，这种沟通被称为转译。转译就像一个翻译过程，将不同领域的术语翻译给对方。人工智能产品经理在进行转译时，需要注意以下几点。

（1）沟通行业背景。

人工智能产品经理应了解行业背景，在与算法工程师进行沟通时，应尽量使用对方熟悉的语言，向其解释产品给行业带来的价值。双方首先应该沟通产品的行业背景，以使算法工程师对产品有更全面的了解，从而提高算法质量。

（2）说明产品价值。

人工智能产品经理要将沟通的最终目标告知对方，让对方明白这件工作的意义。例如，在与算法工程师沟通时，首先让对方明白需要实现的产品功能是什么，在对方了解产品功能之后，再进行算法方面的讨论。

（3）产品功能分解。

产品功能通常由很多小的功能模块组成，人工智能产品经理需要根据自己对行业的理解，将产品功能进行模块化拆分，并针对单个模块内容与算法工程师进行沟通。

（4）给出数据例。

数据例指的是训练数据的数据样例。人工智能产品经理需要负责数据的协调工作，应该尽快让算法工程师看到数据例，这样能节省很多沟通的时间。即使现在没有足够的数据，也要尽快与算法工程师沟通数据的基本情况。

（5）提供算法方案。

人工智能产品经理需要进行技术预研，首先应该提出一套算法方案用于和算法工程师交流。该算法方案应包括建议使用的算法类型、数据处理方案等。这样双方可以就具体的算法路径进行讨论，提高沟通的效率。

下面以一个行业壁垒很高的产品为例，说明人工智能产品经理如何与算法工程师进行沟通。

【例】笔者多年来一直从事分子质谱（MS）模拟产品的研发工作，质谱是一种分子检测的技术手段。研发该产品涉及多个学科知识的交叉，并且专业度极高，需要人工智能产品经理与算法工程师进行良好的沟通和协作。分子质谱模拟产品的沟通路径如图 5-8 所示。

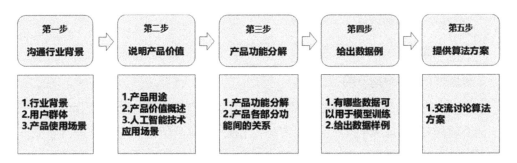

图 5-8　分子质谱模拟产品的沟通路径

第一步：沟通行业背景。

分子质谱模拟产品主要用于医药、化工行业，可进行未知分子结构的鉴定。该产品主要为医药等领域的研发人员提供结构鉴定帮助。

当一个新物质诞生时，我们并不知道它的分子结构，但是我们可以利用一些手段将这个分子打成碎片，由于碎片分子的结构相对简单，所以可以通过碎片分子结构去回推新物质分子的结构。我们能提取到的碎片分子信号称为质核比，是分子质量与其所带电荷的比值。本产品需要根据碎裂的规律构建模型，通过碎片分子的质核比推断出新物质分子的结构。本阶段沟通的目的是使算法工程师对产品与行业有一个大概的认知。

第二步：说明产品价值。

分子质谱模拟产品的核心价值在于可以进行未知物检测，能通过未知物的质核比信息，推断出未知物分子的结构。以往对未知物进行推断，都是通过人的历史经验来完成的，本产品的价值在于通过人工智能技术进行分子结构推断。本阶段沟通的目的是使算法工程师明确产品能够解决的问题，以及开发该项目的原因。

第三步：产品功能分解。

未知物分子的推断过程主要分为四个步骤：首先，确定未知物分子的各类原子个数，确定未知物的分子式；其次，寻找比较有特征的数据，这些数据对应着某种固定的分子结构，如果能找到这些特征数据，则证明这个未知物分子中存在这样的结构；再次，根据数据特征找到全部可能的结构；最后，将这些找到的结构组合，推断出可能的未知物分子结构。在和算法工程师解释基本知识后，需要用通俗的语言对业务过程进行阐述。

第四步：给出数据例。

将质谱数据展示给算法工程师，并向其解释各部分数据的意义。

第五步：提供算法方案。

人工智能产品经理应与算法工程师共同确定实现各部分功能所使用的算法。第五步能否顺利实施，取决于第三步能否使算法工程师理解产品功能。算法的确定需要双方多次讨论、尝试才能确定。

人工智能产品经理的沟通更像一门艺术，不仅要做转译工作，还要负责角色协调、部署工作。人工智能产品经理的沟通不仅可以体现其个人情商魅力，还可以体现其行业能力与算法功底。

4．懂行业

2017 年，吴恩达在高山大学（GASA）进行主题名为《探索人工智能》的演讲时说过，"我经常对很多公司说，如果能够找到一个独立的人工智能团队，就把这些有人工智能能力的人放到不同的业务团队矩阵去"。这句话足以证明行业对人工智能的重要性。人工智能产品经理是人工智能产品的缔造者，需要有更高的行业认知程度。

人工智能产品经理需要懂行业，这一点在本书的很多地方都有体现。懂行业的作用体现在两个方面：首先，人工智能产品经理只有懂行业，才能对产品价值有深刻认知，才能知道产品如何满足需求；其次，人工智能产品经理只有懂行业才能懂商业，才能知道产品在行业中如何赚钱。一个不懂行业的人工智能产品经理，很难设计出给行业内人士使用的产品；一个不懂行业的人工智能产品经理，更不可能明白一个行业的商业运转规律，以及产品商业化过程都有哪些"坑"。人工产品经理需要有商业的前瞻性，才能构建产品价值，并能协调现有资源创造最大的商业价值。

如图 5-9 所示，人工智能产品经理只有具备充分的行业认知，才能构造良好的商业模式，才能创造较高的产品价值。产品价值能够满足行业需求，商业模式能够保证产品价值与行业需求间的平衡稳定。下面以临床科研智能平台为例，说明行业认知对产品构建的重要性。

【例】临床科研智能平台是医院针对进行临床研究需求所使用的数据汇聚及人工智能算法的集成平台。此类平台主要用于满足医院进行临床科研的需求，该平台的搭建需要该产品的产品经理具有深刻的行业认知，并且熟悉医疗科研的流程与方法。临床科研智能平台系统架构图如图 5-10 所示。

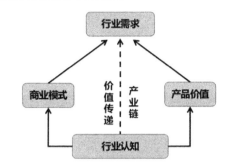

图 5-9　行业认知与行业需求

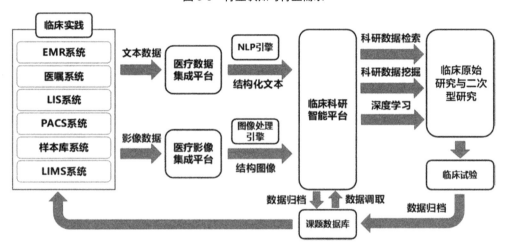

图 5-10　临床科研智能平台系统架构图

临床科研智能平台与医院多个系统对接，将多个系统的数据结构化供临床科研智能平台使用。临床科研智能平台集成了多种算法，为临床原始研究与二次型研究提供了工具。设计此类平台产品，需要对临床科研具有深度的行业认知，并且对医疗体系数据具有充分的了解。

临床科研智能平台主要解决了医生用户的三个痛点。

（1）医院内的数据存在于各个系统中，难以整合。

（2）医生缺乏简单易用的人工智能分析工具。

（3）医院间开展联合研究缺乏数据协同平台。

基于对行业的思考，临床科研智能平台不仅能给医生科研带来便利，还能成为医疗数据走向市场的一个基础。当前因为隐私性等问题，临床数据一直无法走向市场，这就意味着医疗数据利用无法快速向前推进。只有进行了良好的商业模式布局，医疗大数据才能更加健康地向前发展。临床科研智能平台的商业模式如图 5-11 所示。

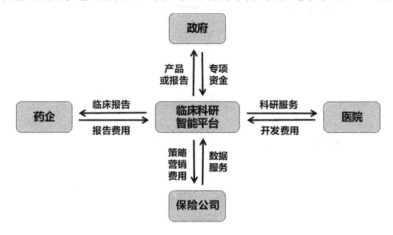

图 5-11 临床科研智能平台的商业模式

临床科研智能平台依托承载的临床数据具有极高的价值，针对药企、医院、政府、保险公司可以形成商业闭环。如果对行业不够了解，就无法得出产品的商业模式，所以人工智能产品经理只有充分了解行业才能构建出有价值的产品。

5.2.2　人工智能产品经理的工作流程

人工智能产品经理的工作流程比较复杂，其不但要参与产品需求分析与商业模式设计，还需要参与算法研发，除此之外还要负责产品的项目管理工作，以确保产品按照进度完成。人工智能产品经理的工作流程分为产品定位、需求分析、技术预研、模型研发、产品运营五大步骤，如图 5-12 所示。

1. 产品定位

产品定位是产品立项之前的准备工作，在这个环节中需要梳理产品的商业模式，并规划具体的产品路径。要明确产品适合哪个行业，具有怎样的市场空间，收入规模如何，行业中的潜在竞品有哪些等。产品定位是产品的论证阶段，产品定位可以体现一个产品经理对行业、市场的判断力，做好产品定位可以给未来的产品实施打下良好的基础。

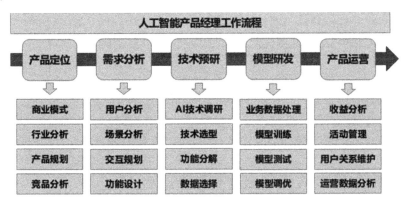

图 5-12　人工智能产品经理的工作流程

2．需求分析

需求分析阶段是明确产品价值与功能的阶段，通过对用户群体、使用场景、痛点等因素的分析，确定产品传递给用户的价值。在需求分析阶段，可以对产品功能进行设计，并根据产品功能规划出产品的交互界面。在这个阶段对产品功能进行梳理，确定实现该功能所需要的数据，为下一步技术预研做好准备。

3．技术预研

技术预研是对人工智能技术应用于产品的前期探索，是人工智能产品经理特有的工作内容。技术预研的重点工作在于将产品功能分为功能子模块，并确定每个功能子模块对应的算法种类。此外，还需要筛选与需求有关的业务数据，按照算法的输入要求进行数据处理。

4．模型研发

模型研发是产品模型构建的实施过程，这个步骤主要由人工智能产品经理与算法工程师共同完成。人工智能产品经理需要针对技术预研的成果与算法工程师进行深度沟通，最终确定模型的具体开发方案。在此期间，人工智能产品经理需要帮助算法工程师了解行业背景，明确需求与功能的关系，整合业务数据等。只有人工智能产品经理和算法工程师相互配合才能够做出好的产品模型。

5. 产品运营

产品运营是对产品与用户进行管理的过程，产品运营的目的在于不断增进产品与用户间的关系。人工智能产品经理通过进行运营数据分析、用户访谈等多种方式发现产品缺陷，从而对产品进行迭代优化。

在这个工作流程中，体现了对人工智能产品经理的高要求。这些要求体现在对算法的理解、对行业的认知、对产品流程的把控等诸多方面。

5.3 如何成为人工智能产品经理

成为人工智能产品经理与成为互联网产品经理相比具有更高的门槛，人工智能产品经理除了要掌握互联网产品经理需要掌握的产品知识，还需要具有一定的技术背景，更高的要求则是需要具备行业知识。人工智能产品经理的技能分为三个方面，如图 5-13 所示。产品能力是指需求分析能力、产品设计能力、产品规划能力、数据分析能力等；技术能力主要是指数学基础、算法能力与编程能力；行业能力是指对于某个行业的认知水平，包括行业流程、行业价值、行业客户等。

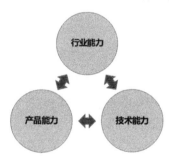

图 5-13 人工智能产品经理的技能

5.3.1 产品能力

产品能力是产品经理的基本能力，自然也是人工智能产品经理的基本能力。产品能力主要分为七类：需求分析能力、产品设计能力、产品规划能力、数据分析能力、项目管理能力、商业分析能力、资源分配能力。本节不对具体的能力内容进行介绍，重点介绍培养产品能力的方法。

产品能力是人工智能产品经理的基本能力，其实无论哪个类型的产品经理都需要具备这样的能力，我们可以按照调研—归纳—实践的循环路径进行学习，在实践中获得的经验可以更好地用于调研其他产品，如图 5-14 所示。

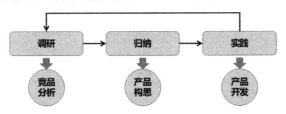

图 5-14　产品能力的学习路径

学习一项技能最快的方法就是先调研，在产品领域快速掌握产品技能的方法是竞品分析。在调研阶段，首先从不同方面去研究别人的产品，这样会使自己的产品能力快速提高。产品调研过程可以通过竞品分析完成，重点关注以下几个方面。

- 用户痛点：用户遇到了什么问题？
- 产品使用场景：用户在什么场景下使用该产品？
- 产品用户特征：什么样的用户会使用该产品？
- 产品界面：产品界面的设计特征是什么？为什么这样设计？
- 数据关系：产品盈利与访问量、活跃度等指标间有何关系？
- 产品迭代：经过迭代，产品功能的增减情况如何？产品迭代时间与产品运营的关系如何？
- 商业模式：如何通过产品来赚钱？

通过竞品分析回答上述问题，人工智能产品经理就可以提升自己的基础产品能力。每天至少进行两款新产品体验，每周产出一个相对完善的竞品分析报告，持续训练一段时间，可以大幅度提升产品能力。

归纳过程是对知识的梳理与提炼的过程。在产品知识积累到一定量时，最好的归纳方法就是构思一个新产品。构思新产品的过程不但可以检验自己是否真正理解了产品知识，还可以发现自己的产品知识存在哪些不足。

实践过程是指具体的产品开发过程。项目管理能力、沟通能力等只有在产品开发过程中才能得到提升。在产品开发过程中会出现许多意想不到的障碍，产品经理只有完整参与一个产品的研发工作，才会深有体会。

人工智能产品经理还需要具备一些互联网产品经理不必具备的产品能力。人工智能产品经理需要挖掘产品流程中的三类场景（见图 5-15），并应用人工智能技术提高这三类场景的工作效率。

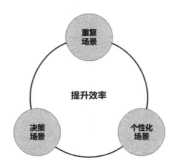

图 5-15 产品流程中的三类场景

重复场景是指一些重复性的简单劳动。例如，机械性地填写身份信息或进行发票验证等。这类场景可以通过人工智能技术进行图像识别，从而快速完成业务流程。

决策场景是指人的决策过程。决策场景非常普遍，如选择一条不堵车的路线回家、决定去哪家饭馆吃饭等。人工智能技术可以给出决策路径，为人们提供可参考的决策意见。

个性化场景是指针对不同需求制定个性化解决方案。例如，个性化菜品推荐、个性化服装推荐等都属于个性化场景。通过人工智能技术可以将不同用户分类，根据不同的用户特征形成不同的推荐方案。

5.3.2 技术能力

经常有开发工程师吐槽产品经理什么都不会，其实他们主要是认为产品经理缺乏实施能力，还经常提一些"不切实际"的需求。在传统互联网公司中，特别是开发针对 C 端的产品时，可以提这种"不切实际"的需求，只要这种需求能够带来更好的用户体验，就应该想方设法去实现。但是在人工智能产品中则不然，产品可能只有一个功能点，如人脸识别系统或文本的情感分析系统，基本不需要提出更多需求。人工智能产品经理需要参与产品开发过程，所以需要对技术有充分的理解。技术能力包含数学基础、算法能力与编程能力，核心是对算法数学过程的理解。

1. 数学基础

算法的本质是一系列数学过程的集合，如果没有数学基础，就难以理解算法过程。数学的学习也有技巧，在学习数学知识时，必须知道数学知识能够解决什么场景中的问题，这样才能让抽象的数学知识场景化，便于理解。

数学的体系非常复杂，也有很多学科分支，具体应该先从哪个知识点入手呢？对于新人来讲，并不知道哪些场景能够用到哪类数学知识。我们可以通过以下六个步骤找到学习数学知识的切入点，如图 5-16 所示。

图 5-16　找到学习数学知识的切入点的过程

第一步：算法检索。对于初学者而言，并不清楚应用场景与数学知识之间的对应关系，所以可以从了解算法开始学习。首先检索出当前主流的人工智能（机器学习）算法类型，依次列举，填写到表 5-1 中的"算法名称"列。

第二步：列举应用场景。检索刚才列举的算法，找到与之对应的应用场景，将其填写到表 5-1 中的"应用场景"列。

第三步：应用场景排序。将刚才列举的应用场景按照与自己要开发的产品的相关度或自己的感兴趣程度进行排序。

第四步：算法筛选。按照应用场景排序或其他规则筛选出重点算法。

第五步：检索数学知识。将筛选出的算法的数学知识列举出来，这些就是首先要学习的数学知识。将这些与算法相关的数学知识填写到表 5-1 中的"数学知识"列。

第六步：算法理解。通过对数学知识的学习理解整个算法，体会利用数学知识解决实际问题的过程。

表 5-1　各类算法的应用场景及相关数学知识

算 法 名 称	应 用 场 景	数 学 知 识
决策树	银行征信、用户评分系统	概率论、数理统计、交叉熵、基尼系数
主成分分析	降维、图像识别、推荐系统	协方差、矩阵运算、特征值、特征向量

续表

算 法 名 称	应 用 场 景	数 学 知 识
线性分类器	用户画像、价格预测	线性回归、矩阵运算、特征值、特征向量
贝叶斯分类器	资本风控	贝叶斯公式、正态分布、最大似然估计
人工神经网络	图像、文本、语音处理	交叉熵、梯度下降、神经网络、岭回归
强化学习	游戏策略	数学期望、贝尔曼方程
贝叶斯网络	关系推理	图论、概率论、贝叶斯公式、离散数学
隐马尔可夫模型	文本分析、情感分析	条件概率、最大似然估计
KNN	数据距离度量	各类距离函数

表 5-1 总结了各类典型算法的应用场景及所涉及的数学知识。根据图 5-16 所介绍的学习方法，可以根据应用场景排序来学习相关的数学知识。其实在大多数情况下，微积分、线性代数、概率论及最优化方法等数学知识已经足够支持我们理解算法。更深层次的数学知识，如复变函数、实变函数、泛函分析的难度主要在于理论证明过程，即使看不懂证明过程也不会影响我们理解算法。

数学的学习总归是枯燥的，给大家推荐一些比较好的入门书籍：《数学简史》《数学之美》《统计学习方法》。这些书籍写得深入浅出，适合具有不同知识背景的人士阅读。

2. 算法能力

人工智能产品经理的算法能力主要分为两个方面：其一是对算法过程的理解；其二是算法实践能力，也就是利用算法解决实际问题的能力。

1）对算法过程的理解

可以通过以下三个方面加强对算法过程的理解。

① 从数学角度明确算法的作用。从数学角度是指按照数学的逻辑去看待算法的用途。例如，有的算法的作用是降维，有的算法的作用是分类，有的算法的作用是预测。有时算法的使用角度不同，能够起到不同的作用，如线性回归算法就可以起到分类和预测的作用。

② 将算法过程分解。将算法过程分解为几个部分，明确各个部分的联系，有利于对算法过程的理解。例如，蒙特卡罗树搜索算法可以分为四个部分，即选择、扩展、模拟、反馈；较基础的 BP 神经网络算法可以分为两个过程，即数据向前传播、误差反向传播。

人工智能算法模型需要通过数据训练得到，训练数据的形式与业务有关，而且会影响算法的选择。例如，训练数据是文本信息，则需要使用词向量的相关算法（详见4.4 节）。

③ 利用数学知识推导算法过程。利用数学知识推导算法过程是一个很高的要求，如果能够完成，证明你对整个算法过程理解得非常透彻。

2）算法实践能力

算法是为解决实际问题服务的，我们对算法的理解不能脱离实际问题。人工智能产品经理不是前沿算法理论的研究者，而是通过算法解决实际问题的实践者。通过以下两个方面的学习，可以提高算法的实践能力。

① 用数据描述业务问题。在已经明确业务问题的前提下，能够用数据将需要解决的问题描述清楚，也是一种算法能力的体现。首先明确解决问题所需的数据，以及通过数据能够得到的结论，然后利用适当的数据类型来描绘业务关系与问题。

② 将业务嵌入算法的框架。算法的框架是指每种算法都具有的相对固定的数据要求，包括输入数据、输出数据、参数、数据逻辑等。由于这些是无法改变的，我们需要将业务数据变为算法要求的数据形式才能通过算法模型进行运算。这就是为什么说算法本身不是最难的部分，将业务数据整理成算法能够运算的形式才是最困难的过程。

3．编程能力

编程是算法的实现过程，人工智能产品经理具备编程能力能够更好地与算法工程师交流。作为人工智能产品经理，学习编程可以更快地了解编程思想，从而快速跟进人工智能产品的开发。

学习编程最重要的一点是动手，只有亲自动手编写程序才能快速进步。现在网上各类学习教程很多，可以根据自身的工作类型选择合适自己的教程。当前人工智能产品比较流行使用 Python 语言编写程序，可以通过学习 Python 语言来体会编程思维。学习编程可从以下几个方面入手。

1）语法基础

学习编程要从基础语法开始，基础语法包括基本的数据类型、函数、模块、文件读写、面向对象思想、内存管理机制及多线程等知识。学习语法基础可以体会编程思想，特别是面向对象编程与面向过程编程的区别等。

2）数据库

数据是人工智能技术的基础，只有掌握数据库知识才能使技术更全面，特别是需要掌握一些主流数据库的基础知识，如学会用代码操作 MySQL、Redis 和 MongoDB 三大数据库。掌握数据库知识能够使人工智能产品经理更加深入地参与数据清洗及数据治理工作，为人工智能产品打下坚实的数据基础。

3）算法框架

了解算法框架作为人工智能产品经理的加分项，有利于其与算法工程师沟通搭建出更好的模型，常见的人工智能算法框架如图 5-17 所示。

图 5-17　常见的人工智能算法框架

TensorFlow 是谷歌公司基于神经网络算法库（DistBelief）研发的第二代人工智能学习系统。TensorFlow 用于多项机器学习及深度学习领域，包括语音识别、图像识别等。TensorFlow 应用广泛，可以在智能手机上运行，也可以在大型数据中心服务器上运行。

PyTorch 是由脸书公司开发的机器学习框架。可以使开发者通过简单的过程快速建立自己的科学算法。PyTorch 在机器学习领域拥有交流社区，在计算机视觉、信号处理、语音处理等方面具有良好的开发性能。

Caffe 是一个高效的深度学习框架，由加利福尼亚大学伯克利分校的人工智能研究小组及视觉和学习中心开发。该框架主要用于图像特征提取，支持多种深度神经网络模型，并能够对接多种操作系统。

Theano 是一个专为深度学习而设计的 Python 库。它允许定义、优化、评估多维数组的数学表达式。Theano 可与其他深度学习库结合使用，十分适合用于数据探索。

Keras 是一个用 Python 语言编写的开放源码库,可以在多种深度学习框架上运行。Keras 有较友好的用户界面、良好的模块化能力和强大的资源可扩展性。

5.3.3　行业能力

人工智能产品经理的行业能力一直是本书强调的重点,行业能力的培养可参照 2.1.2 节的路径进行学习。行业能力是人工智能产品经理真正的"铁饭碗",只有懂行业才能够从容地面对产品经理中年危机。在行业能力中,人工智能产品经理需要将行业知识、业务流程等抽取为可以构建人工智能模型的要素,在这个过程中还应注意以下几点。

- 以结果作为导向。
- 提高发现规律的能力。
- 突破常规的思考方式。
- 重视关键流程。
- 拥有大局观。

总而言之,人工智能产品经理需要更加全面的产品技能、更加综合的学科背景、更加深刻的商业认知。未来是产业互联网的时代,是各行各业进行产业升级的时代,人工智能产品经理需要顺势而进,将技术与产业深度结合去创造新的价值。

参考文献

[1] 韩轶强. 互联网时代本地生活服务 O2O 模式研究[J]. 商业经济,2018(06).

[2] 康巍耀,姚佩君. 本地生活服务平台 O2O 业务模式分析[J]. 中国商论,2018(08).

[3] 王韵娴. 浅析美团大众 O2O 电子商务模式[J]. 经贸实践,2017(21).

[4] 李娜,章玉台. "互联网+"背景下餐饮团购的发展现状及对策研究——以美团为例[J]. 企业导报,2016(10).

[5] 刘新兆. 构建自我知识体系和格局——卓越产品经理的修养[J]. 农药市场信息,2018(15).

[6] 刘慧琳，连晓鹏. 广东推动人工智能与实体经济深度融合[J]. 广东经济，2018(06).

[7] 王雄. 产品情怀——具有用户共同情感认知的消费观念[J]. 西部皮革，2018(05).

[8] 陈松云，何高大. 机器智能视域下的教育发展与实践范式新探——2018《美国机器智能国家战略》的启示[J]. 远程教育杂志，2018(03).

[9] 余益民，江国才，步文清. 产品经理关键能力评价模型研究[J]. 中国多媒体与网络教学学报（中旬刊），2018(10).

[10] 刘晖. 人工智能背景下高新技术企业人力资源从业者胜任力模型构建研究[J]. 沈阳工程学院学报（社会科学版），2018(03).

[11] 褚杰. IT 产品经理浅析[J]. 计算机知识与技术，2017(18).